BestMasters

Mit **„BestMasters“** zeichnet Springer die besten Masterarbeiten aus, die an renommierten Hochschulen in Deutschland, Österreich und der Schweiz entstanden sind. Die mit Höchstnote ausgezeichneten Arbeiten wurden durch Gutachter zur Veröffentlichung empfohlen und behandeln aktuelle Themen aus unterschiedlichen Fachgebieten der Naturwissenschaften, Psychologie, Sozialwissenschaften, Technik und Wirtschaftswissenschaften. Die Reihe wendet sich an Praktiker und Wissenschaftler gleichermaßen und soll insbesondere auch Nachwuchswissenschaftlern Orientierung geben.

Springer awards **“BestMasters”** to the best master’s theses which have been completed at renowned Universities in Germany, Austria, and Switzerland. The studies received highest marks and were recommended for publication by supervisors. They address current issues from various fields of research in natural sciences, psychology, social sciences, technology, and economics. The series addresses practitioners as well as scientists and, in particular, offers guidance for early stage researchers.

Caroline Adam

Diagnostik an HiPIMS-Magnetronsputterplasmen

Caroline Adam
Christian-Albrechts-Universität zu Kiel
Kiel, Deutschland

ISSN 2625-3577 ISSN 2625-3615 (electronic)
BestMasters
ISBN 978-3-658-50589-9 ISBN 978-3-658-50590-5 (eBook)
https://doi.org/10.1007/978-3-658-50590-5

Die Deutsche Nationalbibliothek verzeichnet diese Publikation in der Deutschen Nationalbibliografie; detaillierte bibliografische Daten sind im Internet über https://portal.dnb.de abrufbar.

Planung/Lektorat: Karina Kowatsch
Springer Spektrum ist ein Imprint der eingetragenen Gesellschaft Springer Fachmedien Wiesbaden GmbH und ist ein Teil von Springer Nature.
Die Anschrift der Gesellschaft ist: Abraham-Lincoln-Str. 46, 65189 Wiesbaden, Germany

Danksagung Zunächst gilt mein Dank Prof. Dr. Holger Kersten für die Aufnahme in seine Kieler Arbeitsgruppe und die Chance, die Masterarbeit über mein Lieblingsthema HiPIMS zu schreiben. Danke für die gute Betreuung, das entgegengebrachte Vertrauen, die Freiheit bei der Bearbeitung, die Möglichkeit zu internationalen Konferenzteilnahmen und insgesamt für die schöne, geradezu familiäre Atmosphäre in der Arbeitsgruppe.

Ein großer Dank gilt auch der Baden-Badener Firma MELEC, besonders Günter Mark und Jonathan Löffler, für die fruchtbare Kooperation – ohne die Bereitstellung von Equipment wäre das HiPIMS/HF-Projekt nicht realisierbar gewesen. Danke für die Unterstützung bei technischen Fragen und besonders auch für die Möglichkeit zu Konferenzteilnahmen im In- und Ausland.

Bei Dr. Luka Hansen möchte ich mich für die Unterstützung seit meinem Anfang in der AG im Forschungspraktikum bedanken, vor allem bei der Kalibrierung der Messbox oder wenn es Probleme mit dem Magnetron gab. Danke auch für die Durchführung der SEM-Messungen.

Prof. Dr. Jan Benedikt sei dafür gedankt, dass ich in seinem Labor an der invertierten Kammer die Massenspektrometrie in einem nichtbeschichtenden Plasma lernen durfte. Trotz seiner zahlreichen anderen Aufgaben hat er sich Zeit für diese Messungen und die Diskussion der Ionenenergieverteilungen genommen.

Dr. Thomas Strunskus von der Technischen Fakultät danke ich für die Möglichkeit, dort die Profilometriemessungen durchzuführen.

Mein Dank gilt der gesamten Kieler AG Plasmatechnologie für die Unterstützung und die tolle Zeit während der Masterarbeit. Ob in der Mittagspause, bei gemeinsam verbrachten Abenden oder einem Schnack im Labor – kein Tag ist ohne heitere Momente vergangen! Auch bei Fragen im Labor wurde mir immer Hilfe zuteil. Tobias Hahn danke ich dabei besonders für die Unterstützung beim Arbeiten mit dem Massenspektrometer und dem MCS sowie für die Hilfe und Organisation von IT-Belangen wie eLAB oder Git. Danke an Daniel Zuhayra für die gemeinsamen Messungen mit der RFTP und hilfreiche Diskussionen. Tobias, Daniel und Luka danke ich auch für die guten Hinweise beim Korrekturlesen dieser Arbeit. Felix Köhler danke ich für seine Hilfe bei den PTPs und die gemeinsame Entwicklung der sensitiveren PTP für die RFTP, auch wenn es diese Messungen letztlich nicht in die Arbeit geschafft haben. Danke auch an Dr. Viktor Schneider für die Hilfe bei Fragen aller Art und organisatorischen Belangen.

Danke an Martin Behrens, Frank Brach, Michael Poser, Volker Rohwer und die Werkstatt des IEAP für die technische Unterstützung und zeitnahe Problemlösung. Ohne euch hätte ich vermutlich keines der Experimente durchführen können.

Bei meinen Freunden und meiner Familie bedanke ich mich für den nötigen Ausgleich, insbesondere bei Sofia, Mia, Johannes und Christian. Besonders danke ich auch Lara, der wahrscheinlich einzigen Physikstudentin, die sich mit QFT und mittlerweile auch HiPIMS auskennt! Nicht zuletzt gilt mein Dank meinen Eltern für die große und vielfältige Unterstützung, nicht nur in der Zeit meines Studiums, sondern auch auf dem Weg dorthin.

Interessenkonflikt Der/die Autor*in hat keine für den Inhalt dieses Manuskripts relevanten Interessenkonflikte.

Inhaltsverzeichnis

1 Einleitung

Die Erzeugung von Beschichtungen über Magnetronsputtern ist ein essenzieller Prozess in der modernen Materialverarbeitung mit Anwendung etwa in der Mikroelektronik [1], für den Verschleißschutz von Bohr- und Schneidewerkzeugen [2], aber auch für optische [3], dekorative [4], biokompatible [5] und antibakterielle [6] Zwecke. Dabei werden Ionen aus einem Niederdruck-Inertgasplasma auf ein Target, das in der Entladung als Kathode fungiert, beschleunigt. Dort löst das Ionenbombardement eine Kollisionskaskade im Material aus, die zur Emission von Oberflächenatomen führt. Diesen Prozess bezeichnet man als Sputtern. Die gesputterten Atome können auf dem Substrat als Beschichtung kondensieren. Auch die Abscheidung chemischer Verbindungen ist möglich, indem zusätzlich Reaktivgase wie Sauerstoff, Stickstoff oder Kohlenwasserstoffe verwendet werden. Vorteil des Magnetronsputterns ist, dass der Prozess trocken verläuft und keine gefährlichen Chemikalien involviert sind oder im Prozess entstehen. Daher werden inzwischen für eine umweltverträglichere und nachhaltigere Schichtabscheidung auch typische chemische Abscheidungsprozesse[1] auf Magnetronsputtern umgestellt.

Neben der elektrischen Leistung, die für den Betrieb des Plasmas erforderlich ist, entfällt im Magnetronsputterprozess der größte Teil des Energieverbrauchs auf das Heizen. Häufig wird im Prozess mit Strahlungsheizern die Substrattemperatur auf 350 bis 600 °C erhöht [8]. Diese Temperaturen werden am Substrat benötigt, um die Adatommobilität zu erhöhen und so dichte, kristalline Schichten abzuscheiden [9]. Um den Energieverbrauch zu reduzieren, muss die Adatommobilität auf der wachsenden Schicht daher durch andere Strategien erhöht werden [10]. Dies

[1] Beispielsweise wird die Abscheidung von Halbleiterschichten wie GaN [7] über Magnetronsputterepitaxie erforscht. GaN wird bisher meist über MOCVD (engl. *metal–organic chemical vapor deposition*) abgeschieden. Dieser Prozess erfordert jedoch den Umgang mit toxischen Gasen und hohe Abscheidetemperaturen.

C. Adam, *Diagnostik an HiPIMS-Magnetronsputterplasmen*, BestMasters,
https://doi.org/10.1007/978-3-658-50590-5_1

kann erreicht werden, indem die kinetische Energie der schichtbildenden Teilchen erhöht wird [11]. Eine Möglichkeit dafür bieten HiPIMS-Prozesse (kurz für engl. *high power impulse magnetron sputtering*) [12]. Dabei wird das Plasma nicht über eine Gleichspannung (DC) betrieben, sondern durch kurze, hohe Leistungspulse angeregt (typische On-Zeiten der Pulse 20–200 µs und Tastgrad < 10 %). Die mittlere Leistung ist hier vergleichbar mit DC-Magnetronsputtern. Die Ladungsträger werden allerdings in einer viel kürzeren Zeit erzeugt, es entsteht während des Pulses eine höhere Plasmadichte. Wenn gesputterte Atome auf dem Weg zum Substrat durch das Plasma fliegen, werden diese mit hoher Wahrscheinlichkeit dort ionisiert. Die Schichtabscheidung mit Ionen bietet den Vorteil, dass die Ionenenergie durch Beschleunigung in elektrischen Feldern erhöht werden kann. Außerdem ist die Ionenenergie in HiPIMS insgesamt bereits ohne zusätzliche elektrische Felder höher [13], was die angestrebte Reduktion der Substrattemperatur zur Abscheidung von Hochtemperaturphasen ermöglicht [14]. Darüber hinaus konnte bei einer Vielzahl von Anwendungen gezeigt werden, dass mit HiPIMS abgeschiedene Schichten eine höhere Qualität und Lebensdauer aufweisen als Beschichtungen aus konventionellen Magnetronsputterprozessen [2, 6, 15, 16].

Ziel der vorliegenden Arbeit ist es, das Potential von HiPIMS-Prozessen zur Steigerung der Adatommobilität bei der Schichtabscheidung durch eine höhere Ionenenergie zu untersuchen. Hierzu werden der thermische Energieeintrag und die Ionenenergieverteilung von HiPIMS mit dem konventionellen DC-Magnetronsputtern verglichen. In der Literatur wurde bereits beschrieben, dass bei einem HF-Plasma (Hochfrequenz, 13,56 MHz) das Plasmapotential und damit der Potentialfall vor einem geerdeten Substrat wesentlich höher ist als im DC-Plasma [17]. Durch die Superposition von HiPIMS mit HF könnten daher über den HiPIMS-Prozess effektiv Ionen erzeugt werden, die dann durch die Potentialstruktur des HF-Plasmas mit hoher Energie auf das Substrat beschleunigt werden. Dieser neuartige Superpositionsprozess wird im Rahmen dieser Arbeit ebenfalls untersucht. Die Experimente werden an einem planaren Magnetron durchgeführt, bei dem ein Kupfertarget in Argon-Atmosphäre gesputtert wird.

Im folgenden Kapitel dieser Arbeit erfolgt eine Einführung in die Grundlagen der Plasmaphysik, der Plasma-Oberflächen-Wechselwirkung sowie der Plasmaerzeugung. Die verwendeten Diagnostiken werden in Kapitel 3 erläutert, der Versuchsaufbau wird in Kapitel 4 beschrieben. Die Ergebnisse zum Energieeintrag und zur Ionenenergie werden in Abschnitt 5.1 dargestellt und diskutiert. Abschnitt 5.2 hat die Charakterisierung des Superpositionsprozesses von HiPIMS mit HF zum Thema.

Theorie 2

In diesem Kapitel werden die Grundlagen, die zum Verständnis der Magnetronsputterplasmen erforderlich sind, eingeführt. Zunächst geht es um die Grundlagen der Plasmaphysik. Abschnitt 2.2 hat die Plasma-Oberflächen-Wechselwirkung zum Thema. Die Erzeugung und Eigenschaften der in dieser Arbeit verwendeten Plasmen werden in Abschnitt 2.3 erläutert.

2.1 Grundlagen der Plasmaphysik

Der Begriff Plasma für ein ionisiertes Gas wurde 1928 von Irving Langmuir geprägt für die Beschreibung eines Bereichs, „der ausgeglichene Ladungen von Ionen und Elektronen enthält" [18]. Heute befasst sich die Plasmaphysik mit der Breite möglicher Plasmazustände, ob natürlichen Ursprungs wie in Sternen [19] und der Ionosphäre [20] oder künstlich erzeugten Plasmen. Laborplasmen werden im Niederdruck oder bei Atmosphärendruck betrieben und werden etwa für Anwendungen in der Oberflächenmodifikation [11], Gaskonversion [21] und für die Kernfusion [22] erforscht. Dieses Kapitel gibt eine Einführung in die Grundlagen der Plasmaphysik auf Basis der Lehrbücher [22–25], auf die auch für weitere Erklärungen und Herleitungen verwiesen sei.

2.1.1 Definition des Plasmazustands

Plasmen haben die Eigenschaft, dass sie trotz der enthaltenen freien Ladungsträger quasineutral sind. Das bedeutet, dass, wenn man über einen hinreichend großen Bereich mittelt, die Summe der Ladungen verschwinden muss:

C. Adam, *Diagnostik an HiPIMS-Magnetronsputterplasmen*, BestMasters,
https://doi.org/10.1007/978-3-658-50590-5_2

$$\sum_j Z_j n_{\rm i} - e_0 n_{\rm e} \approx 0, \tag{2.1}$$

wobei e_0 die Elementarladung, $n_{\rm e,i}$ die Elektronen- beziehungsweise Ionendichte und Z_j die Ladung für alle enthaltenen Ionenspezies bezeichnet. Enthält das Plasma lediglich einfach positiv geladene Ionen, vereinfacht sich dies zu $n_{\rm i} \approx n_{\rm e}$.

Neben der Quasineutralität ist das kollektive Verhalten eines ionisierten Gases konstitutiv für die Definition als Plasma. Das äußert sich etwa in der Abschirmung externer elektrischer Felder. Betrachtet man eine Punktladung $+Q$, die zusätzlich als Störung im Plasma platziert wird, so wird diese abgeschirmt durch die Anziehung der Plasmaelektronen und durch Abstoßung von Ionen. Das elektrische Potential um die Punktladung, genannt Debye-Hückel-Potential, ist das abgeschwächte Coulomb-Potential $\Phi_{\rm C}$:

$$\Phi(r) = \Phi_{\rm C}(r) \exp\left(-\frac{r}{\lambda_{\rm D}}\right) = \frac{Q}{4\pi\epsilon_0 r} \exp\left(-\frac{r}{\lambda_{\rm D}}\right). \tag{2.2}$$

Hierbei bezeichnet ϵ_0 die elektrische Feldkonstante, r gibt den Abstand von der Punktladung an sowie $\lambda_{\rm D}$ den charakteristischen Abstand, genannt Debyelänge, über den das Potential um den Faktor auf $1/e$ reduziert wird [25]. Analog zur Parallelschaltung zweier Widerstände lässt sich die Debyelänge über die Beiträge von Elektronendebyelänge $\lambda_{\rm De}$ und der Ionenkomponente $\lambda_{\rm Di}$ schreiben:

$$\frac{1}{\lambda_{\rm D}^2} = \frac{1}{\lambda_{\rm De}^2} + \frac{1}{\lambda_{\rm Di}^2} \tag{2.3}$$

mit

$$\lambda_{\rm De} = \sqrt{\frac{\epsilon_0 k_{\rm B} T_{\rm e}}{n_{\rm e} e_0^2}}, \qquad \lambda_{\rm Di} = \sqrt{\frac{\epsilon_0 k_{\rm B} T_{\rm i}}{n_{\rm i} e_0^2}} \tag{2.4}$$

in Abhängigkeit der jeweiligen Temperaturen und Dichten im ungestörten Plasma. Die Boltzmann-Konstante ist als $k_{\rm B}$ bezeichnet. Bei höherer Temperatur steigt die Debyelänge, da die Teilchen eine höhere Geschwindigkeit haben und durch das Feld der Störung weniger abgelenkt werden. Außerdem sinkt die Debyelänge mit steigender Plasmadichte, da mehr Teilchen zur Abschirmung des elektrischen Felds beitragen. Damit das Plasma dieses kollektive Verhalten zeigen kann, muss die räumliche Abmessung des Plasmas größer sein als die Debyelänge [23].

Die mittlere Geschwindigkeit $\bar{v}$ von Elektronen und Ionen kann näherungsweise als thermisch angenommen werden: Es ist $\bar{v}_{\rm e,i} \approx \sqrt{k_{\rm B} T_{\rm e,i}/m_{\rm e,i}}$. Damit ist die

Antwortzeit, die zur Durchquerung der Debyelänge benötigt wird, $\tau_{e,i} = \lambda_{De,Di}/v_{e,i}$. In der Regel wird die Plasmafrequenz, der Kehrwert der Antwortzeit, angegeben:

$$\omega_{e,i} = \frac{\bar{v}_{e,i}}{\lambda_{De,Di}} = \sqrt{\frac{n_{e,i}e_0^2}{\epsilon_0 m_{e,i}}}. \tag{2.5}$$

Aufgrund der Massenabhängigkeit können Elektronen deutlich schneller als die schwereren Ionen auf angelegte elektrische Felder reagieren. Um kollektives Verhalten aufzuweisen, muss das Plasma also länger als die Antwortzeit der Elektronen $\tau_e = 1/\omega_e$ existieren [23].

2.1.2 Temperaturen im Plasma

Im idealen Gas bestimmt der Druck p das Produkt aus Teilchenzahldichte n und Temperatur T:

$$p = nk_B T. \tag{2.6}$$

Die Teilchengeschwindigkeiten werden durch die Maxwell-Boltzmann-Verteilung beschrieben:

$$f_M(v, T) = 4\pi v^2 \left(\frac{m}{2\pi k_B T}\right)^{3/2} \exp\left(-\frac{mv^2}{2k_B T}\right). \tag{2.7}$$

Die mittlere thermische Geschwindigkeit ist das erste Moment der Verteilungsfunktion:

$$\bar{v} = \int_0^\infty f_M(v, T) v \mathrm{d}v = \sqrt{\frac{8k_B T}{\pi m}}. \tag{2.8}$$

Da häufig die Energien der Ionen oder Elektronen im Plasma gemessen werden, wird die Maxwell-Boltzmann-Verteilung in Abhängigkeit der kinetischen Energien E geschrieben:

$$f_M(E, T) = 2\sqrt{\frac{E}{\pi (k_B T)^3}} \exp\left(-\frac{E}{k_B T}\right) \tag{2.9}$$

mit mittlerer kinetischer Energie

$$\bar{E} = \frac{3}{2} k_B T. \tag{2.10}$$

Laborplasmen werden in der Regel durch elektrische Felder erzeugt und aufrechterhalten. Elektronen sind rund 10 000-mal leichter als Ionen und können daher durch ein elektrisches Feld E auf höhere Geschwindigkeiten beschleunigt werden (Beschleunigung a, Zeit t):

$$v = a \cdot t = \frac{e_0}{m} E \cdot t. \tag{2.11}$$

Diese Energie kann dann durch Stöße auf andere Teilchen übertragen werden. Die Stoßwahrscheinlichkeit wird durch die mittlere freie Weglänge λ_{mfp} beschrieben, die abhängt von der Teilchendichte n und dem Stoßquerschnit σ:

$$\lambda_{\mathrm{mfp}} = \frac{1}{n\sigma}. \tag{2.12}$$

Der Energietransfer in einem Stoß zwischen den Stoßpartnern ist abhängig von deren Massenverhältnis, am effektivsten ist der Energietransfer in elastischen Stößen bei gleicher Masse der stoßenden Teilchen. Das führt dazu, dass in typischen Laborplasmen die Elektronen zwar mit sich selbst im thermischen Gleichgewicht sind, aber nicht mit den Ionen und Neutralteilchen. Die Elektronentemperatur ist sehr viel höher als die Ionen- und Neutralgastemperatur:

$$T_{\mathrm{e}} \gg T_{\mathrm{i}} \approx T_{\mathrm{n}}. \tag{2.13}$$

Typische Werte in Niederdruckplasmen sind Elektronentemperaturen von etwa $T_{\mathrm{e}} \approx 3\,\mathrm{eV} \approx 30\,000\,\mathrm{K}$ und Ionen- und Neutralgastemperaturen bei Raumtemperatur ($T_{\mathrm{i,n}} \approx 300\,\mathrm{K} \approx 0.03\,\mathrm{eV}$). Man bezeichnet solche Plasmen als Nichtgleichgewichtsplasmen oder nichtthermische Plasmen [23].

2.1.3 Plasmarandschicht

Zentrale Region für die Plasma-Oberflächen-Wechselwirkung, sei es durch Sputtern einer Kathode, Beschichten oder Modifizieren einer Substratoberfläche oder bei der Wechselwirkung mit Sonden, ist die Plasmarandschicht, die sich vor diesen Wänden ausbildet. Dieses Phänomen wird im Folgenden beschrieben.

Aufgrund ihrer höheren Geschwindigkeit können Elektronen schneller auf Oberflächen, wie etwa Wände, Substrate oder Partikeloberflächen, gelangen. Im Gleichgewichtszustand lädt sich diese Oberfläche dann negativ auf, sodass im Mittel gleich viele Elektronen wie Ionen auf die Oberfläche treffen. Das sich so ausbildende Potential nennt man Floating-Potential, es ist durch das kleine Verhältnis zwischen Elektronen- und Ionenmasse ($m_e/m_i \ll 1$) stets negativer als das Plasmapotential [23]. Die Wand wird vom Bulk-Plasma durch eine Raumladungszone abgeschirmt, deren Dicke einige Debye-Längen beträgt [25]. Der Verlauf der Dichten (oben) und Spannung (unten) in der Randschicht ist schematisch in Abb. 2.1 dargestellt.

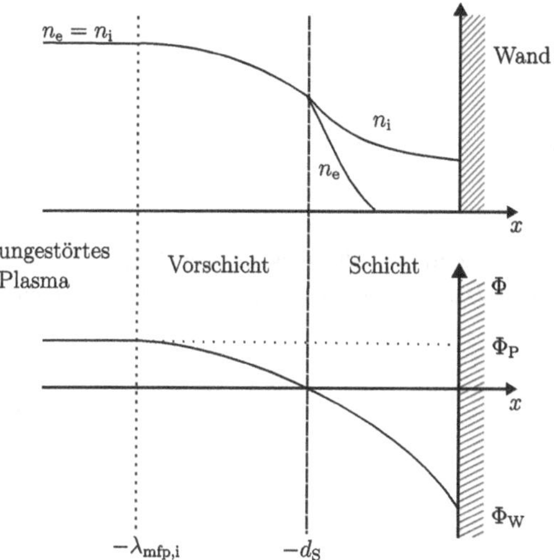

Abbildung 2.1 Schematische Darstellung der Dichten in Plasmarandschicht (oben) und dem Potentialfall nach [25]. Vor der Wand liegt eine Raumladungszone mit Dicke d_S, in der die Quasineutralität verletzt ist. Zwischen der Randschicht und dem Plasmabulk mit Plasmapotential ϕ_P ist eine quasineutrale Vorschicht, deren Dicke etwa eine mittlere freie Weglänge der Ionen $\lambda_{mfp,i}$ beträgt

Der Großteil des Spannungsabfalls vom Plasmapotential Φ_P auf das negative Wandpotential Φ_W geschieht in der Randschicht. Durch die Spannung in der Randschicht werden die Ionen auf die Oberfläche beschleunigt, dadurch wird die Ionendichte n_i gegenüber dem ungestörten Plasma reduziert. Die Elektronendichte wird infolge des negativen Wandpotentials in der Randschicht verringert – die Quasineutralität ist verletzt, es handelt sich bei diesem Bereich um eine positive Raumladungszone und kein eigentliches Plasma. Zwischen Bulk-Plasma und Randschicht liegt die quasineutrale Vorschicht. Diese ist etwa so dick wie eine mittlere freie Weglänge der Ionen $\lambda_{mfp,i} \gg \lambda_{De}$. Aus Stabilitätsbetrachtungen der

Randschicht [23] lässt sich ableiten, dass sich eine stabile Raumladungsschicht nur dann bilden kann, wenn die Ionen an der Randschichtkante zwischen Vorschicht und Schicht mindestens ihre Schallgeschwindigkeit erreichen. Dies ist die sogenannte Bohm-Geschwindigkeit v_B:

$$v_\mathrm{B} = \sqrt{\frac{k_\mathrm{B} T_\mathrm{e}}{m_\mathrm{i}}}. \tag{2.14}$$

Auf diese Geschwindigkeit werden die Ionen in der Vorschicht beschleunigt. Damit lässt sich die Potentialdifferenz U zwischen Plasmapotential und dem Potential an der Randschichtkante abschätzen:

$$e_0 U = e_0 \left(\Phi(-d_\mathrm{S}) - \Phi_\mathrm{P}\right) \approx \frac{1}{2} m_\mathrm{i} v_\mathrm{B}^2 = \frac{1}{2} k_\mathrm{B} T_\mathrm{e} \Rightarrow \Phi(-d_\mathrm{S}) - \Phi_\mathrm{P} \approx -\frac{1}{2} \frac{k_\mathrm{B} T_\mathrm{e}}{e_0}. \tag{2.15}$$

Die Dichte des quasineutralen Plasmas an der Schichtkante wird über einen Boltzmann-Faktor abgeschätzt, wobei n_e0 die Elektronendichte des ungestörten Plasmas beschreibt:

$$n_\mathrm{i}(-d_\mathrm{S}) = n_\mathrm{e}(-d_\mathrm{S}) = n_\mathrm{e0} \exp\left(\frac{e(\Phi(-d_\mathrm{S}) - \Phi_\mathrm{P})}{k_\mathrm{B} T_\mathrm{e}}\right) = n_\mathrm{e0} \exp\left(-\frac{1}{2}\right) \approx 0.61 n_\mathrm{e0}. \tag{2.16}$$

Im Fall einer äußeren angelegten Spannung an der Wand kann der raumladungslimitierte Ionenstrom durch das Child-Langmuir-Gesetz beschrieben werden. Die Ionenstromdichte j_i hängt von der angelegten Spannung U und der Randschichtdicke d ab über

$$j_\mathrm{i} = \frac{4}{9} \epsilon_0 \sqrt{\frac{2 e_0}{m_\mathrm{i}}} \frac{U^{3/2}}{d^2}. \tag{2.17}$$

Dies setzt voraus, dass die Ionen die Randschicht stoßfrei durchqueren können, also die mittlere freie Weglänge der Ionen größer als die Randschichtdicke ist ($\lambda_\mathrm{mfp,i} \gg d$), was bei Drücken unter 1 Pa gegeben ist. Für die in dieser Arbeit meist verwendeten Drücke zwischen $1-10$ Pa ist die Randschicht schwach stoßbestimmt, die mittlere freie Weglänge $\lambda_\mathrm{mfp,i}$ kann als konstant angenommen werden. Dann gilt für den Ionenstrom:

$$j_\mathrm{i} = \frac{2}{3} \epsilon_0 \sqrt{\frac{5^3 e_0 \lambda_\mathrm{mfp,i}}{3^3 m_\mathrm{i}}} \frac{U^{3/2}}{d^{5/2}}. \tag{2.18}$$

2.1.4 Plasmazündung

Zündet man ein Plasma, so werden durch Anlegen einer elektrischen Spannung an den Elektroden bereits vorhandene Elektronen beschleunigt. Diese „Saatelektronen" können beispielsweise durch kosmische Strahlung oder Ultraviolettlicht erzeugt werden. Etwa nach Zurücklegen der mittleren freien Weglänge der Ionisation λ_I können die Elektronen Gasatome ionisieren. Dies ist in Abb. 2.2 schematisch dargestellt. Hier erzeugt ein von der Kathode emittiertes Sekundärelektron ein Elektron-Ion-Paar. Das Ion (durchgezogene Linie) wird zur Kathode beschleunigt, während die Elektronen (gestrichelte Linien) auf dem Weg zur Anode weitere Gasatome ionisieren – eine Elektronenlawine entsteht. Durch das Ionenbombardement der Kathodenoberfläche werden Sekundärelektronen emittiert, die ebenfalls zur Elektronenlawine beitragen.

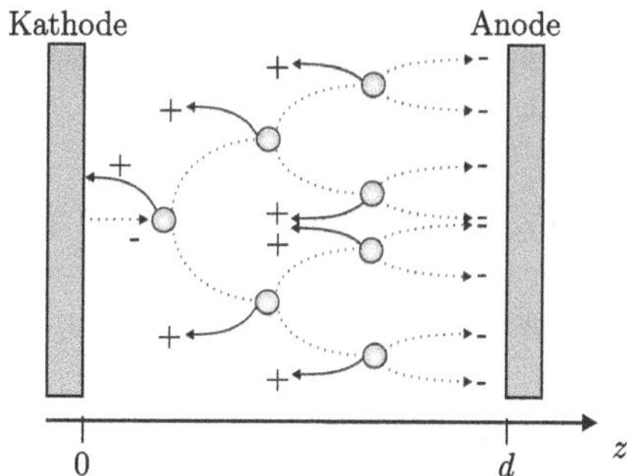

Abbildung 2.2 Schematische Darstellung des Gasdurchbruchs. Ein von der Kathode emittiertes Sekundärelektron erzeugt durch Ionisation von Gasatomen (Kreise) eine Kaskade von Elektron-Ion-Paaren. Die durchgezogenen Linien skizzieren die Bahn der positiv geladenen Ionen, die gestrichelten Linien die Elektronenbahnen

Die Elektronenvervielfachung durch Elektronenstoßionisation wird durch den ersten Townsend-Koeffizienten $\alpha = \lambda_\mathrm{I}^{-1}$ beschrieben, die Änderung der Ladungsträgerdichte $\mathrm{d}n_\mathrm{e}$ nach Durchlaufen einer Strecke $\mathrm{d}z$ ist

$$\frac{\mathrm{d}n_\mathrm{e}}{\mathrm{d}z} = \alpha\, n_\mathrm{e}. \tag{2.19}$$

Diese Differentialgleichung beschreibt das exponentielle Wachstum der Ladungsträgerdichte

$$n_e(x) = n_e(0)\exp(\alpha z). \tag{2.20}$$

In der Elektronenlawine werden gleich viele Ionen wie Elektronen produziert sowie zusätzlich Sekundärelektronen an der Kathode emittiert. Damit ist der Ionenfluss auf der Kathode gleich der Differenz aus Elektronenfluss auf die Anode und dem Elektronenfluss aus der Kathode:

$$\Gamma_i(0) = -\Gamma_e(d) + \Gamma_e(0). \tag{2.21}$$

Der Elektronenfluss wird neben der Elektronendichte n_e von der Stärke des elektrischen Feldes E und der Elektronenbeweglichkeit μ_e bestimmt:

$$\Gamma_e(z) = n_e(z)\mu_e E. \tag{2.22}$$

Schreibt man in Gleichung (2.21) den Elektronenfluss über die exponentielle Vervielfachung, erhält man:

$$\Gamma_i(0) = -\Gamma_e\left(\exp(\alpha d) - 1\right). \tag{2.23}$$

Das Verhältnis der Ionen, die auf die Kathode treffen, und der dadurch emittierten Sekundärelektronen ist der Sekundärelektronenemissionskoeffizient $\gamma = \Gamma_e(0)/\Gamma_i(0)$, auch genannt dritter Townsend-Koeffizient. Damit erhält man die Bilanzgleichung:

$$\gamma\left(\exp(\alpha d) - 1\right) = 1. \tag{2.24}$$

Die Abhängigkeit von α vom elektrischen Feld E wurde von Townsend empirisch in Abhängigkeit der Konstanten A und B beschrieben.

$$\frac{\alpha}{p} = A\exp\left(-\frac{B}{E/p}\right) \tag{2.25}$$

Die Werte von A und B sind dabei gasartabhängig. Der Quotient α/p beschreibt die Elektronenvervielfachung pro mittlerer freier Weglänge und E/p den Energiegewinn der Elektronen pro mittlerer freier Weglänge durch das elektrische Feld E. Kombiniert man diesen Zusammenhang mit der Bilanzgleichung (2.24), erhält man für die Zündspannung (engl. *breakdown voltage*) $U_b = E_b d$:

$$U_b = \frac{B\ pd}{\ln(pd) + \ln\left(A/\ln(1 + 1/\gamma)\right)}. \tag{2.26}$$

Dies ist das Paschen-Gesetz, das die Zündspannung in Abhängigkeit des Ähnlichkeitsparameters pd, dem Produkt aus Druck und Elektrodenabstand, angibt. In Abb. 2.3 sind die Paschen-Kurven für Argon, Sauerstoff und Stickstoff aufgetragen. Die Werte für A und B wurden Ref. [25] entnommen, für die Sekundärelektronenemission wurde der Wert $\gamma = 0.1$ genutzt. Die Kurven zeigen jeweils ein ausgeprägtes Minimum. Bei kleineren Werten von pd stehen zu wenig Atome für Ionisation zur Verfügung. Bei größeren Werten von pd steigt die Zündspannung ebenfalls, da aufgrund von Stößen der Energiegewinn pro mittlerer freier Weglänge nicht ausreicht, um den Elektronen die notwendige Energie für Elektronenstoßionisation zu geben. Dies muss durch eine höhere Feldstärke, also eine höhere Zündspannung, ausgeglichen werden [23].

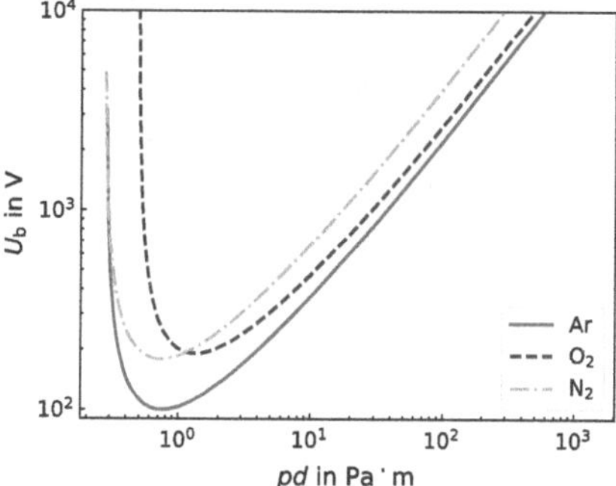

Abbildung 2.3 Zündspannungen U_b, beschrieben durch die Paschen-Kurven für Argon, Sauerstoff und Stickstoff. Die gasartabhängigen Konstanten im Paschen-Gesetzt wurden Ref. [25] entnommen

2.2 Plasma-Oberflächen-Wechselwirkung

Ziel der wichtigsten Anwendungen vieler Plasmen ist deren Wechselwirkung mit Oberflächen. Dabei werden die Spezies aus dem Plasma, seien es Ionen, Elektronen, Neutrale, Radikale, angeregte Spezies oder Photonen, für die Modifikation der Oberfläche genutzt. Beispiele hierfür sind Prozesse zum Ätzen, zur Schichtabscheidung oder für Oberflächenreaktionen in der Plasmakatalyse [26]. Selbst für Fusionsplasmaexperimente ist die Plasma-Oberflächen-Wechselwirkung ein zentrales Forschungsfeld, um Materialien zu entwickeln, die jene enorme Belastung durch die hochenergetischen Plasmateilchen aushalten können [27]. In diesem Kapitel wird zunächst der in dieser Arbeit zentrale Prozess des Sputterns diskutiert, nachfolgend die Beiträge zur Energiebilanz auf einer Substratoberfläche mit Bezug auf das Magnetronsputtern (Abschnitt 2.2.2) und das Wachstum dünner Schichten (2.2.3).

2.2.1 Sputtern

Sputtern bezeichnet das Herauslösen von Atomen aus einer Oberfläche durch Bombardement mit energetischen Teilchen, meist Ionen. Die aus einem sogenannten Target gesputterten Atome können dann auf einem Substrat kondensieren und eine Beschichtung bilden. Umgekehrt könnte aber auch das Substrat selbst mit energetischen Ionen bombardiert werden, die dort Atome herauslösen (das Substrat „ätzen"). Der Sputterprozess ist schematisch in Abb. 2.4 dargestellt. Bei typischen Ionenenergien von einigen 100 eV löst das einlaufende Ion eine Kollisionskaskade im Target aus. Das einlaufende Ion kann reflektiert werden oder, wie in der Grafik visualisiert, im Target zur Ruhe kommen. Neben Oberflächenatomen können auch Sekundärelektronen emittiert werden [28, 29]. Auch die Emission von Clustern, also Agglomeraten mehrerer Atome, ist möglich [30, 31].

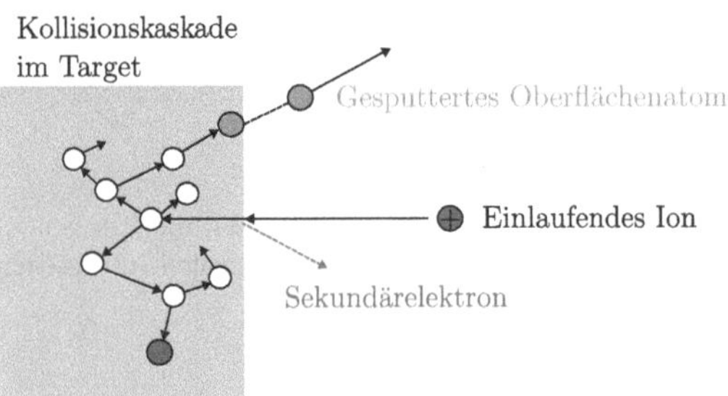

Abbildung 2.4 Illustration des Sputterprozesses nach [28]. Das einlaufende Ion löst im Targetmaterial eine Kollisionskaskade aus, durch die Oberflächenatome emittiert werden können. Außerdem können Sekundärelektronen emittiert werden, das einlaufende Ion kommt im Target zur Ruhe

Die Anzahl der emittierten Oberflächenatome pro Ion wird durch die Sputterausbeute Y (engl. *sputtering yield*) quantifiziert. Dies ist die Anzahl gesputterter Atome pro einlaufendem Ion:

$$Y(E_\mathrm{i}, \alpha, m_\mathrm{i}) = \frac{\text{Anzahl gesputterter Atome}}{\text{Anzahl einlaufender Ionen}}. \tag{2.27}$$

Diese Größe hängt von der Energie des einlaufenden Ions E_i, dem Auftreffwinkel α des Ions auf dem Target, der Ionenmasse m_i und dem Targetmaterial ab. So ist die Sputterausbeute bei chemischen Verbindungen aufgrund der höheren Bindungsenergie tendenziell niedriger als bei Elementtargets [28].

Die Abhängigkeit der Sputterausbeute von der Energie des einlaufenden Ions ist in Abb. 2.5 dargestellt. Für das Herauslösen von Targetatomen muss die Ionenenergie eine Schwellenenergie überschreiten, die sich proportional zur Bindungsenergie des Targetmaterials verhält. Zwischen 10 eV und 10 keV steigt die Sputterausbeute linear mit der Ionenenergie. In technologischen Anwendungen erreicht man Ausbeuten von 0.1 bis 0.3. Ab Ionenenergien von etwa 1 keV können mehrere Atome pro einlaufendes Ion herausgelöst werden. Erhöht man die Ionenenergie über 10 keV, sinkt die Sputterausbeute. Das Ion kann so tiefer in die Oberfläche eindringen, was die Wahrscheinlichkeit zum Auslösen von Oberflächenatomen verringert. Dies führt auch dazu, dass die Sputterausbeute bei einem Ioneneinfallswinkel von etwa 62° maximal ist, da bei senkrechterem Einfall die Eindringtiefe zunimmt. Die Folge ist eine verringerte Emissionswahrscheinlichkeit von Oberflächenatomen [32, 33].

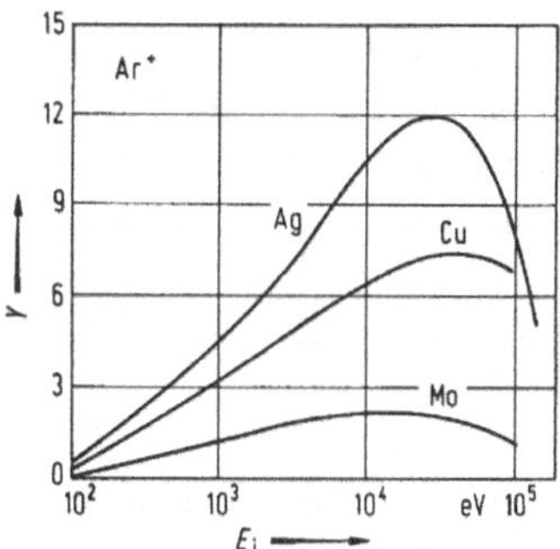

Abbildung 2.5 Energieabhängigkeit der Sputterausbeute für verschiedene Targetmaterialien unter Beschuss von Argon-Ionen. Aus [32]

Die gesputterten Atome haben aufgrund der ballistischen Prozesse in der Kollisionskaskade typische Energien im Bereich von einigen Elektronenvolt. Die Energien der gesputterten Teilchen werden durch die Sigmund-Thompson-Verteilung beschrieben:

$$f_{\text{Thompson}}(E) = \begin{cases} A\frac{E[1-\sqrt{(E+E_{\text{SB}})/\Lambda E_{\text{i}}}]}{(E+E_{\text{SB}})^3} & \text{wenn } 0 \leq E \leq \Lambda E_{\text{i}} \\ 0 & \text{wenn } E > \Lambda E_{\text{i}} \end{cases} \tag{2.28}$$

mit Normierungsfaktor A, Oberflächenbindungsenergie E_{SB} der Targetatome und dem Energietransferfaktor

$$\Lambda = \frac{4m_{\text{i}}m_{\text{t}}}{(m_{\text{i}} + m_{\text{a}})^2} \tag{2.29}$$

in einem elastischen Stoß zwischen dem Ion mit Masse m_{i} und dem Targetatom mit Masse m_{t}. Diese Verteilung hat einen Peak bei $E_{\text{SB}}/2$ und fällt mit E^{-2} ab [28, 34].

2.2.2 Energiebilanz eines Substrats im Plasmaprozess

Bei der Wechselwirkung von Niedertemperaturplasmen mit Festkörperoberflächen sind die mittlere Energie der ankommenden Teilchen E_{t} sowie der Teilchenfluss j_{t} zentrale Größen, die die Plasma-Oberflächen-Wechselwirkung beeinflussen. Deren Produkt, die Energieflussdichte $J_{\text{t}} = j_{\text{t}}E_{\text{t}}$, wirkt sich wiederum auch auf die Substrattemperatur T_{S} aus. Dies wird bei der passiven Thermosonde genutzt: Sie bestimmt kalorimetrisch den integralen Energiefluss auf eine Substratoberfläche. Diese Diagnostik wird in Abschnitt 3.1.1 erläutert. Die Substrattemperatur stellt also eine makroskopisch messbare Größe dar, die viele Oberflächenprozesse wie Ad- und Desorption, Diffusion sowie chemische Reaktionen beeinflusst. Daher wird sie in der Praxis häufig auch durch externes Heizen des Substrats erhöht [35]. Der totale Energiestrom J_{in} ist die Summe aus den einzelnen Beiträgen:

$$J_{\text{in}} = J_{\text{n}} + J_{\text{i}} + J_{\text{e}} + J_{\text{con}} + J_{\text{reac}} + J_{\text{rec}} + J_{\text{rad}} \ldots, \tag{2.30}$$

wobei J_{n} den Beitrag durch neutrale Teilchen, J_{i} durch Ionen, J_{e} durch Elektronen, J_{cond} den Energiebeitrag durch Kondensation des abgeschiedenen Materials, J_{reac} aus chemischen Reaktionen, J_{rec} aus Rekombination und J_{rad} durch Strahlung bezeichnet [35–37]. Der Energieeintrag in einem Plasmabeschichtungsprozess durch Teilchen (Ionen, Elektronen, Neutrale), Strahlung und Kondensationswärme zusammen mit dem Energieverlust durch gesputterte Teilchen und Sekundärelektronen ist in Abb. 2.6 schematisch dargestellt. Der Energiefluss sorgt für eine Erhöhung der Oberflächen- und Substrattemperatur.

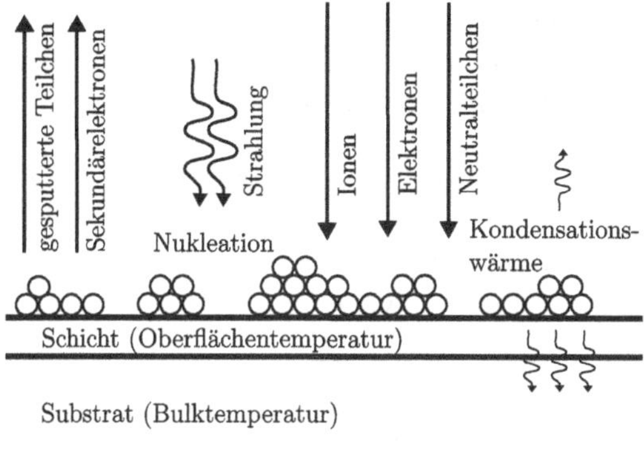

Abbildung 2.6 Schematische Darstellung der Energieflüsse an einer Oberfläche während eines Plasmabeschichtungsprozesses. Nach [37]

In dieser Arbeit wird der Energiefluss beim Magnetronsputtern untersucht. Diese Prozesse sind dafür optimiert, einen hohen Fluss von gesputterten Teilchen auf das Substrat zu erzeugen. Dies sind beim DC-Magnetronsputtern vor allem neutrale Teilchen. Daher tragen sie am meisten zum Energiefluss bei [38]. Die gesputterten Teilchen bringen die Energie aus der Stoßkaskade im Target mit (vgl. Abschnitt 2.2.1), können aber auf dem Weg zum Substrat mit Gasatomen stoßen und so zunehmend thermische Energie annehmen. Energetische Neutrale können etwa über Ladungsaustauschstöße erzeugt werden. Hierbei überträgt ein schnelles Ion seine Ladung auf ein (typischerweise langsames) Neutralteilchen, etwa aus dem Hintergrundgas, was zu einem langsamen Ion und schnellen Neutralteilchen führt. Eine weitere Quelle energetischer Neutralteilchen beim Magnetronsputtern sind Ionen, die das Target bombardieren, dort rekombinieren und als schnelle Neutrale in die Kammer zurück reflektiert werden [35, 37]. Beim HiPIMS-Sputtern kann die Mehrheit der gesputterten Teilchen, die das Substrat erreichen, als Ion vorliegen. Der Ionisationsgrad des Flusses an gesputtertem Material ist dabei von den Entladungsbedingungen abhängig und kann Werte von bis zu 80 % annehmen [13, 39]. Durch Anlegen zusätzlicher Bias-Spannung am Substrat werden Metall- oder Gas-Ionen in der Praxis häufig beschleunigt, um besonders dichte Schichten abzuscheiden, das Substrat zu ätzen oder dort implantiert zu werden. Der kinetische Energietransfer ist das Produkt der Ionenflussdichte j_i (in $\mathrm{m}^{-2}\mathrm{s}^{-1}$) und der mittleren kinetischen Energie der Ionen $\overline{E}_{\mathrm{kin,i}}$

$$J_\mathrm{i} = j_\mathrm{i}\overline{E}_{\mathrm{kin,i}}. \tag{2.31}$$

In typischen Niedertemperaturplasmen werden die Ionen durch die Potentialdifferenz zwischen Plasmapotential Φ_P und Substratpotential Φ_S beschleunigt, daher kann man die kinetische Energie abschätzen über

$$\overline{E}_\mathrm{kin,i} = \overline{q}\,(\Phi_\mathrm{P} - \Phi_\mathrm{S})\,, \tag{2.32}$$

wobei $\overline{q}$ die mittlere Ionenladung bezeichnet. Für Drücke zwischen $1 - 10\,\mathrm{Pa}$ lässt sich die Ionenflussdichte über den Bohm-Fluss berechnen [35]:

$$j_\mathrm{i} = n_\mathrm{e}\sqrt{\frac{k_\mathrm{B}T_\mathrm{e}}{m_\mathrm{i}}}\exp(-0.5). \tag{2.33}$$

Durch Messung der Plasmaparameter, etwa mit einer Langmuir-Sonde, kann so der Ionenbeitrag des Energieeintrags bestimmt werden. Liegt das Substrat auf dem Floating-Potential, treffen dort im Mittel gleich viele Elektronen und Ionen auf. Der Anteil durch Elektronen am Energieeintrag auf eine Oberfläche wird, analog zu den Ionen, durch

$$J_\mathrm{e} = j_\mathrm{e}\overline{E}_\mathrm{kin,e} \tag{2.34}$$

beschrieben. Häufig wird für die Elektronenenergie eine Maxwell-Verteilung angenommen, dann gilt [35]:

$$J_\mathrm{e} = n_\mathrm{e}\sqrt{\frac{k_\mathrm{B}T_\mathrm{e}}{2\pi m_\mathrm{e}}}\exp\left(-\frac{e_0\Phi_\mathrm{S}}{k_\mathrm{B}T_\mathrm{e}}\right)2k_\mathrm{B}T_\mathrm{e} = j_\mathrm{e}2k_\mathrm{B}T_\mathrm{e}. \tag{2.35}$$

Insbesondere bei der Abscheidung dünner Schichten trägt die Kondensationswärme signifikant zum Energieeintrag auf die Substratoberfläche bei. Bei Ionen muss zusätzlich die frei werdende Energie bei der Rekombination berücksichtigt werden [35, 38]. Weitere Beiträge zur Energiebilanz einer Substratoberfläche im Plasmaprozess stammen etwa von Strahlung, elektronischer Anregung, potentieller Energie, Adsorption, chemischen Reaktionen oder Verlustprozessen durch das Sputtern von Teilchen, Sekundärelektronenemission oder Wärmeleitung und Konvektion. Für eine genauere Diskussion dieser Prozesse sei auf die Literatur verwiesen [35–38, 40].

2.2.3 Schichtwachstum

Zielsetzung der Plasmadiagnostik an Sputterplasmen ist es, durch das Verständnis der Plasmaeigenschaften, etwa der Ionenenergie, Vorhersagen über die Eigenschaften der damit abgeschiedenen Schichten zu treffen. So konnten die Abscheideprozesse besser verstanden und optimiert werden. Die Abhängigkeit dieser Schichteigenschaften von den Prozessgrößen wird qualitativ in sogenannten Strukturzonendiagrammen (SZD) visualisiert. Im Strukturzonendiagramm von André Anders [11], das in Abb. 2.7 zu sehen ist, wurden unter anderem auch Phänomene aus HiPIMS-Prozessen mit einbezogen. In HiPIMS (siehe Abschnitt 2.3.2) findet die Schichtabscheidung mit energetischeren Teilchen statt, die dabei ionisiert sein können, somit zusätzliche potentielle Energie mitbringen und in der Randschicht vor dem Substrat beschleunigt werden. Im Diagramm werden, abhängig von den Werten an den Achsen, Zonen mit charakteristischen Schichteigenschaften definiert. Die dritte Achse zeigt qualitativ die Schichtdicke t^*.

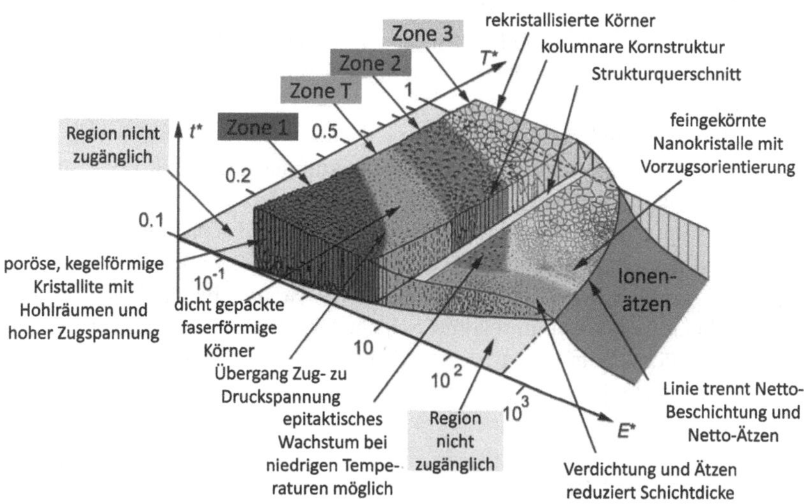

Abbildung 2.7 Strukturzonendiagramm von André Anders. Auf den Achsen sind die generalisierte Substrattemperatur T^*, die generalisierte kinetische Energie E^* und qualitative Schichtdicke t^* aufgetragen. Bearbeitet aus [11]

Bereits in früheren Strukturzonendiagrammen wurde die homologe Temperatur – der Quotient aus Substrattemperatur und Schmelztemperatur der

Schicht – als Parameter zur Beschreibung der Schichteigenschaften verwendet [9]. Hier wird nun eine generalisierte Substrattemperatur T^* definiert. Dies ist die Summe aus der homologen Temperatur und der Temperaturänderung durch die potentielle Energie der ankommenden Teilchen. Zur potentiellen Energie trägt etwa die Bindungsenergie der wachsenden Schicht bei oder die Energie, die bei der Rekombination eines ankommenden Ions frei wird. Die Größe T^* definiert die Schichteigenschaften am stärksten: Im Diagramm ist zu sehen, dass die Zonengrenzen nahezu horizontal verlaufen. Bei niedrigen Temperaturen ist die Mobilität der Adatome gering, während bei höheren Temperaturen Oberflächen- und Volumendiffusion einsetzen. Dabei werden die Schichten dichter, glatter und kristalliner.

Im Vorgängermodell, dem Strukturzonendiagramm von Thornton, ist die zweite Achse eine Druckachse [9]. Bei Anders wird dieser Parameter zu E^*, der generalisierten kinetischen Energie. Bei höherem Druck verlieren die gesputterten Teilchen in Stößen mit den Gasatomen ihre kinetische Energie. Die Energiedifferenz aus der Wechselwirkung mit dem Gas steht dann nicht mehr für Adatommobilität und Diffusionsprozesse zur Verfügung. Die kinetische Energie von Ionen wird etwa durch die Beschleunigung in der Randschicht zwischen Plasma und Substrat bei der Schichtabscheidung erhöht. Außerdem kann durch den Beschuss mit nicht eindringenden Ionen oder Atomen Oberflächendiffusion verstärkt werden, was ebenfalls in E^* berücksichtigt ist.

Im Strukturzonendiagramm werden vier Zonen (Zonen 1 bis 3 mit Übergangszone T) mit unterschiedlicher Schichtstruktur ausgezeichnet. Für niedrigste Adatommobilität (Zone 1) überwiegen Abschattungseffekte, was zu einer kolumnaren Struktur mit porösen Kristalliten führt. In Zone T werden die Kristallite dichter gepackt und faserförmig. Die Schichtstruktur ist in Zone 2 immer noch kolumnar, aber mit kristalliner Kornstruktur. Bei höchster Adatommobilität (Zone 3) bildet sich eine dichte, polykristallin gekörnte Schicht. Die Größe t^* steht für die Schichtdicke und berücksichtigt Effekte wie Verdichtung oder Ätzen durch Beschuss mit energetischen Ionen [11].

2.3 Plasmaerzeugung

Ziel dieser Arbeit ist die Untersuchung von Magnetronsputterplasmen mit unterschiedlicher Anregungsform. Das Grundprinzip des (DC-)Magnetronsputterns wird in Abschnitt 2.3.1 erklärt. Ein Spezialfall des Magnetronsputterns ist der Betrieb mit kurzen, hohen Leistungspulsen, genannt HiPIMS. Die Charakteristiken und Vorteile dieser Abscheidetechnik werden in Abschnitt 2.3.2 diskutiert. Die Kombination von HiPIMS mit anderen Anregungsformen wie DC wurde bereits in der

Literatur beschrieben [41–43]. Im Rahmen dieser Arbeit werden neben dem Vergleich von HiPIMS- und DC-Sputtern auch Experimente durchgeführt, welche HiPIMS mit einer Hochfrequenzanregung (HF) kombinieren. Die Eigenschaften des HF-Plasmas werden in Abschnitt 2.3.3 eingeführt.

2.3.1 Magnetron

Magnetronsputtern ist das Standardverfahren zur Abscheidung dünner Schichten durch Sputtern eines Targets [44]. Der Prozess ist schematisch in Abb. 2.8 dargestellt. Das Target dient als Kathode und befindet sich in einer Vakuumkammer mit typischen Prozessdrücken um 0.5 bis 10 Pa. Im einfachsten Fall wird am Target eine negative Gleichspannung (DC) angelegt. Als Anode fungiert die geerdete Wand der Vakuumkammer sowie ein geerdeter Anodenring, der sich um das Magnetron befindet. So wird ein Plasma, eine abnormale Glimmentladung, vor dem Target gezündet. Meist wird dabei Argon als Prozessgas verwendet, da es ein vergleichbar günstiges Inertgas ist. Außerdem ist die Atommasse von Argon ähnlich hoch wie die Masse typischer Targetmaterialien, was den Impulsübertrag beim Sputtern maximiert [33]. Die Gasionen werden auf das Target beschleunigt und lösen dort über den in Abschnitt 2.2.1 beschriebenen Prozess Targetatome heraus. Diese

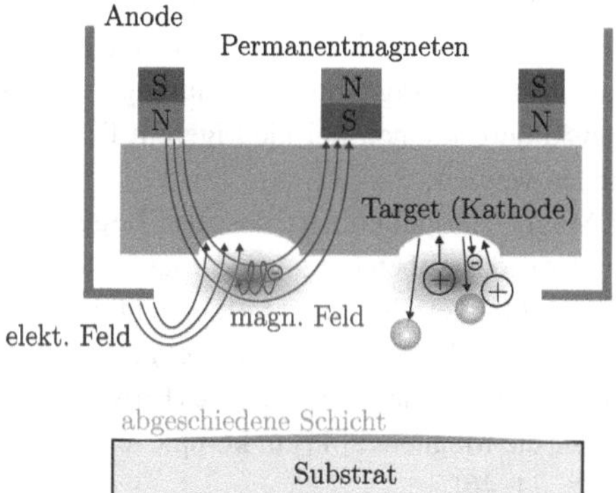

Abbildung 2.8 Schematische Darstellung des Magnetronsputterns mit elektrischem Feld durch die angelegte Spannung und Magnetfeld aufgrund der Permanentmagnete. Die Elektronen gyrieren und driften im $E \times B$-Feld, ionisieren Gasatome, die dann zum Target beschleunigt werden. Gesputterte Targetatome kondensieren auf dem Substrat (unten) als wachsende Schicht

fliegen durch das Plasma in Richtung Substrat, wo sie als Beschichtung kondensieren können. Für die Abscheidung von chemischen Verbindungen kann reaktives Sputtern genutzt werden, bei dem zusätzlich zum Prozessgas Argon Reaktivgase wie Stickstoff, Sauerstoff oder Methan eingelassen werden.

Kennzeichnend für das Magnetron ist, dass zur Erhöhung der Ionisationsrate transversal zum elektrischen Feld zusätzliche Magnetfelder verwendet werden. Diese werden meist durch Permanentmagneten erzeugt, die sich hinter dem Target befinden. Da durch das Ionenbombardement des Targets beim Sputtern viel Wärme erzeugt wird, sind Magnetrons wassergekühlt, um das Schmelzen des Targets und das Entmagnetisieren der Magnete zu verhindern.

Die Lorentzkraft bewirkt, dass die Elektronen durch das Magnetfeld gyrieren und im Mittel einem $E \times B$-Drift folgen. Der Larmor-Radius der Elektronen (B-Feld wird als konstant angenommen, E-Feld vernachlässigt) ist dabei

$$r_e = \frac{m_e u_{e,\perp}}{eB} \approx 1 - 10\,\mathrm{mm}, \tag{2.36}$$

wobei m_e die Elektronenmasse, $u_{e,\perp}$ die Elektronengeschwindigkeit senkrecht zum magnetischen Feld, e die Elementarladung und B die magnetische Flussdichte bezeichnet. Für Ionen wäre der Larmor-Radius größer als die Kammer selbst, diese werden nicht „magnetisiert". Das Magnetron wirkt als Elektronenfalle, die sowohl Elektronen aus dem Plasma als auch vom Target emittierte Sekundärelektronen fängt und aus der die Elektronen nur durch Stöße entweichen können. So wird die Ionisations- und damit auch die Sputter- und Abscheidrate erhöht, die Schichtabscheidung kann bei niedrigerem Druck durchgeführt werden (0.1 Pa). Wie in Abschnitt 2.2.3 diskutiert, können bei niedrigerem Druck tendenziell dichtere Schichten abgeschieden werden.

Ein Nachteil des Magnetronsputterns ist, dass das Target ungleichmäßig gesputtert wird und sich ein Erosionsgraben (engl. *race track*) bildet. Grund dafür ist, dass das Plasma aufgrund der Magnetfeldkonfiguration nicht die gesamte Targetoberfläche bedeckt. Dadurch wird nicht das gesamte Target genutzt, und die Beschichtung kann ungleichmäßig werden. Um das Ausbilden des Erosionsgrabens zu verhindern, können das Target oder die Magneten [45] in komplexeren Magnetronkonstruktionen rotiert werden [28, 44, 46].

In der technischen Umsetzung eines Magnetrons liegt ein Pol auf der Mittelachse des Targets, und der zweite Pol liegt als Ring auf der äußeren Kante des Targets. In Abb. 2.9 sind drei Konfigurationen des Magnetfeldes schematisch dargestellt. (A) ist das konventionelle *balanced* Magnetron, bei dem die Pole des äußeren und inneren Magneten gleich stark sind. Alle Feldlinien gehen von mittleren Magneten aus und enden im äußeren Ringmagneten. Das Plasma ist daher direkt vor dem Target eingeschlossen, und das Substrat wird kaum von Ionen bombardiert. Bei *unbalanced* Magnetrons ist die Feldstärke von äußerem und innerem Magneten ungleich. Die Feldlinien erstrecken sich dadurch auch in Richtung des Substrats. Die Sekundärelektronen folgen den Feldlinien, wodurch das Plasma auf einem größeren Volumen brennt und das Substrat von Ionen beschossen wird. Dies kann, wie im folgenden Abschnitt beschrieben wird, zur Verdichtung der Schicht führen. Bei Typ I Magnetrons (B) kommen alle Feldlinien aus dem inneren Magneten, nur ein Teil von ihnen mündet im äußeren Magneten. Umgekehrt enden beim häufiger verwendeten Typ II (C) nicht alle Feldlinien des äußeren im inneren Magneten [44, 46].

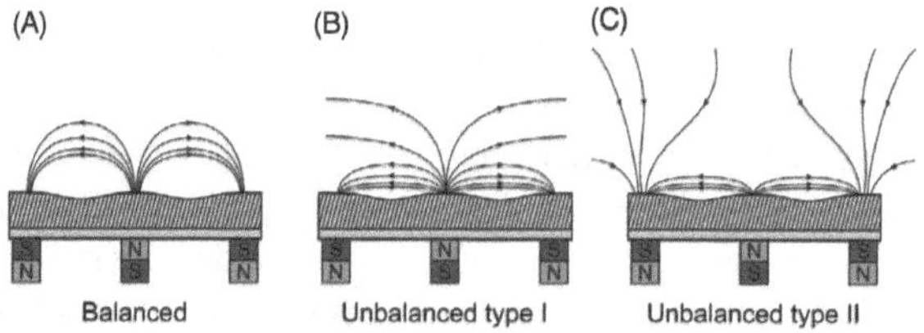

Abbildung 2.9 Schematische Darstellung der drei Magnetfeldkonfigurationen beim Magnetronsputtern: das konventionelle *balanced* Magnetron (A) sowie Typ I (B) und II (C) des *unbalanced* Magnetrons. Aus [46]

In der bisherigen Beschreibung des Magnetrons wurde ein homogen über dem Erosionsgraben verteiltes Plasma angenommen. Meist gibt es in der Vorschicht des Plasmas sich bewegende lokalisierte Ionisationszonen, genannt Spokes. Das Plasmapotential innerhalb eines Spokes ist höher, in der Literatur wird dies als *potential hump* bezeichnet. Elektronen können an der so entstehenden Doppelschicht zusätzliche Energie aufnehmen, die für Ionisation und Anregung des Gases genutzt wird [47, 48]. Die Anzahl der Spokes hängt von Gasdruck, Leistung beziehungsweise Stromdichte und Magnetfeldstärke ab [28, 49]. Spokes kommen in Magnetronplasmen bei DC-, HiPIMS [49] und HF-Anregung [50] vor.

2.3.2 HiPIMS

Begrenzend für die maximale Leistung beim DC-Magnetronsputtern ist die Tatsache, dass ab typischen Leistungsdichten von etwa 50 W/cm^2 das Target überhitzt und schmelzen kann [12]. Daher wird zum Erreichen hoher Peakleistung und somit hoher Plasmadichten der gepulste Betrieb verwendet, in dem der Leistungspuls meist für etwa 20 bis 200 µs angelegt wird und danach das Target in einer langen Off-Zeit abkühlen kann. Typische Tastverhältnisse (engl. *duty cycle*) betragen 0.5 bis 5 %. Dies bezeichnet man als HiPIMS-Sputtern (kurz für *high power impulse magnetron sputtering*). Historisch hat sich HiPIMS aus gepulsten DC-Magnetronsputterprozessen bei moderater Peakleistung entwickelt, die bis heute genutzt werden, um dielektrische Schichten durch reaktives Sputtern abzuscheiden [44]. Elektrisch isolierende Schichten, die sich auf dem Target aufbauen, können so in der Off-Zeit der Pulse entladen werden. Während für HiPIMS wichtige Konzepte wie Self-Sputtering bereits in den 1970er Jahren untersucht wurden [51], stammt die grundlegende Veröffentlichung für HiPIMS aus dem Jahr 1999 von Kouznetsov et al. [52]. Dort wurde gezeigt, dass durch Anlegen hoher Leistungspulse an einem planaren Magnetron ein signifikanter Anteil von gesputtertem Material ionisiert werden kann.

Ein Kriterium zur Unterscheidung von HiPIMS und gepulstem DC-Magnetronsputtern besteht darin, dass die Peakleistung in HiPIMS die mittlere Leistung um zwei Größenordnungen übersteigt [28]. Die mittlere Leistung ist dabei vergleichbar mit DC-Magnetronsputterprozessen. Als Zahlenwerte werden für HiPIMS eine nominelle Peakleistungsdichte von 0.5–10 kW/cm^2 oder Peakstromdichten von einigen A/cm^2 gemittelt über die Targetoberfläche angegeben. Durch die hohen Peakleistungen werden höhere Plasmadichten als beim DC-Magnetronsputtern erreicht, in der Ionisationsregion vor dem Target sind das Elektronendichten von 10^{18}–$10^{19}\,m^{-3}$ (DC: 10^{15}–$10^{17}\,m^{-3}$) [46]. Aufgrund der hohen Plasmadichte steigt die Wahrscheinlichkeit, dass gesputtertes Material, das auf dem Weg zum Substrat durch das Plasma fliegt, dort ionisiert werden kann. So ist charakteristisch für HiPIMS, dass, abhängig von den Entladungsbedingungen, der Ionisationsgrad vom Fluss der gesputterten Metallatome auf das Substrat 5 bis 80 % betragen kann [39, 49, 53]. Dabei sind auch mehrfach ionisierte Atome möglich [39, 54].

Wird ein gesputtertes Targetatom ionisiert, so kann es auf das Target zurückbeschleunigt werden und dort weitere Targetatome sputtern. Dies wird als Self-Sputtering bezeichnet. Die dabei ablaufenden Prozesse sowie die übrigen Atom- und Ionenflüsse beim HiPIMS-Sputtern sind in Abb. 2.10, dem *pathway model* [55–57], dargestellt. Dort befindet sich unten das Target, oben das Substrat mit den entsprechenden Flüssen von Target- und Gasatomen sowie -ionen. Der Bereich in der Mitte stellt das Plasma dar, in dem sich Gasatome befinden (etwa Argon-Atome).

Der rechte Kreis beschreibt das Sputtern mit Gasionen, das auch von anderen Sputterprozessen bekannt ist. Ein Argon-Atom wird im Plasma mit Wahrscheinlichkeit α_g ionisiert. Die ionisierten Gasatome werden mit Wahrschein-

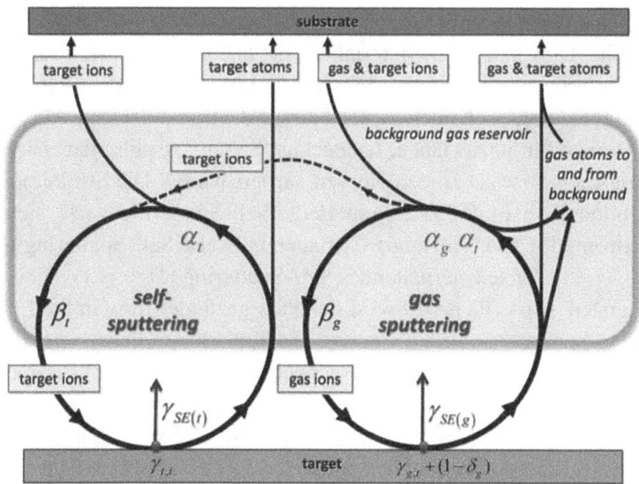

Abbildung 2.10 Schematische Darstellung von Ionen- und Teilchenflüssen zwischen Plasma, Neutralgashintergrund, Target und Substrat in einer HiPIMS-Entladung. Dargestellt ist der Prozess des Sputterns mit Gasionen und mit ionisierten Targetatomen, genannt Self-Sputtering. Aus [56]

lichkeit β_g auf das Target beschleunigt, wo sie mit Wahrscheinlichkeit $\gamma_{SE(g)}$ Sekundärelektronen herauslösen. Außerdem werden Targetatome von den Gasionen gesputtert, die Anzahl der gesputterten Atome ist die Sputterausbeute $\gamma_{g,t}$, die in vorhergehenden Abschnitten mit Y bezeichnet wurde. Das Gasion verbleibt mit (häufig vernachlässigbarer) Wahrscheinlichkeit $\delta_g \ll 1$ im Target.

Gesputterte Metallatome können dann mit Wahrscheinlichkeit α_t ionisiert werden. Beim HiPIMS-Sputtern ist diese Wahrscheinlichkeit durch die hohen Elektronendichten vor dem Target in HiPIMS-Plasmen besonders hoch. Damit kann es dann zu dem in Abb. 2.10 links dargestellten Prozess kommen, dem Self-Sputtering [56]. Mit Wahrscheinlichkeit β_t werden die Targetionen auf das Target beschleunigt, die mittlere Anzahl von gesputterten Targetatomen ist die Self-Sputtering-Ausbeute $\gamma_{t,t}$. Anders als beim Sputtern mit Argon verbleibt das auf das Target beschleunigte Metallion mit großer Wahrscheinlichkeit im Targetmaterial. Self-Sputtering ist selbsterhaltend, wenn gilt:

$$\Pi_{SS} = \alpha_t \, \beta_t \, \gamma_{t,t} > 1. \tag{2.37}$$

Da α_t und β_t als Wahrscheinlichkeiten < 1 sind, muss die Self-Sputtering-Ausbeute $\gamma_{t,t} > 1$ sein. Dies kann mit Materialien mit hoher Sputterausbeute, beispielsweise Kupfer, erreicht werden [28, 56]. Ob die Entladung in den Self-Sputtering-Modus übergeht, zeigt sich auch in der Form des Strompulses. In Abb. 2.11 sind Strompulsformen für 300 µs lange, rechteckige Spannungspulse dargestellt, wobei die Leistungsdichte zwischen den Kurven variiert wurde. Die Stromimpulse sind in der Abbildung in fünf Phasen unterteilt. Self-Sputtering wirkt sich auf die Form des Strompulses aus, abhängig davon, ob teilweise Self-Sputtering stattfindet ($0.1 < \Pi_{SS} < 1$) oder selbsterhaltendes Self-Sputtering ($\Pi_{SS} \geq 1$).

In den ersten 10 µs (Phase 1) wird der Puls gezündet. Im Großteil des Kammervolumens befindet sich kein Plasma, die Entladung zündet vor dem Target in der Umgebung des Anodenringes. Nachdem die Entladung im Plasmavolumen gezündet hat, steigt der Strom in Phase 2 an. In der Ionisationsregion vor dem Target werden (Sekundär-)Elektronen erzeugt. Sie werden entlang der Magnetfeldlinien in das Plasmavolumen transportiert, wo sie Neutralgasteilchen ionisieren können [12]. In allen Fällen in Abb. 2.11 wird am Ende von Phase 2 ein (teilweise lokales) Maximum erreicht. Dieses stammt vom Sputtern mit Gasionen und ist daher abhängig vom Gasdruck [58]. Meist werden, wie auch in dieser Arbeit, Pulse mit $t_{on} = 30 - 100$ µs Pulslänge verwendet, bei denen die weiteren Phasen nicht beobachtet werden und der Strompuls eine dreieckige Form mit maximalem Strom am Pulsende aufweist. Bei längeren Pulsen steigt der Strom in Phase 3 entweder zu

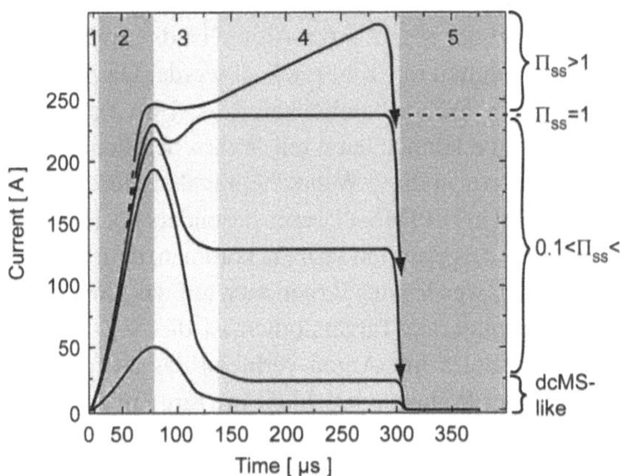

Abbildung 2.11 Zeitlicher Verlauf der HiPIMS-Strompulse, eingeteilt in fünf Phasen bei Variation der Leistungsdichte und damit des Self-Sputtering-Parameters Π_{SS}. Aus [12]

Phase 4 hin an (Self-Sputtering), oder er sinkt. Während in den ersten Phasen die Lichtemission aus metastabilen Prozessgaszuständen dominant ist, steigt nun die Emission von Photonen aus metastabilen Metallatomen.

In Phase 4 ist, sofern die Konditionen dies ermöglichen, selbsterhaltendes Self-Sputtering möglich, was zu einem weiteren Anstieg des Stroms ($\Pi_{SS} > 1$, oberste Kurve) führen kann. Falls Self-Sputtering nur teilweise möglich ist, sinkt der Strom auf Werte unterhalb des ersten Peaks (Ende von Phase 2). Die Plasmadichte sinkt, da das Prozessgas durch die gesputterten Teilchen verdünnt wird (engl. *gas rarefaction*), wodurch weniger Gasatome ionisiert werden und weniger gesputtert wird. In Phase 5, dem *afterglow*, verschwindet der Strom, ebenso sinken Ladungsträgerdichten und Lichtemissionen. Prozessgas- und Metallionen können langlebig sein und über die gesamte Off-Zeit des Pulses nachgewiesen werden [12].

Bisher wurden vorwiegend die Charakteristiken von HiPIMS-Entladungen aufgrund der Ionisation von gesputtertem Material diskutiert. Auswirkungen auf das Schichtwachstum in HiPIMS hat aber nicht nur der Ionisationsgrad des abgeschiedenen Materials, sondern auch die Teilchenenergie. Die Metallionen im HiPIMS-Fall haben im Mittel eine höhere Energie als bei DC-Magnetronsputtern (DCMS). Die Ar^+-Ionen sind hingegen in guter Näherung im thermischen Gleichgewicht mit dem Gashintergrund. Die Ionenenergieverteilung (engl. *ion energy distribution*, kurz IED) von Ti^+-Ionen ist in Abb. 2.12 für HiPIMS und DCMS aufgetragen. Die HiPIMS-IED hat einen ausgeprägteren Hochenergieschwanz: Die Messwerte der IED sind ab 10 eV größer als bei DCMS [59]. Eine Ursache für den ausgeprägten Hochenergieschwanz der IED in HiPIMS ist die sogenannte Gasverdünnung, also die Tatsache, dass die Gasdichte des Prozessgases vor dem Target reduziert ist. In Simulationen mit dem *ionization region model* (IRM) [60] wurde für eine

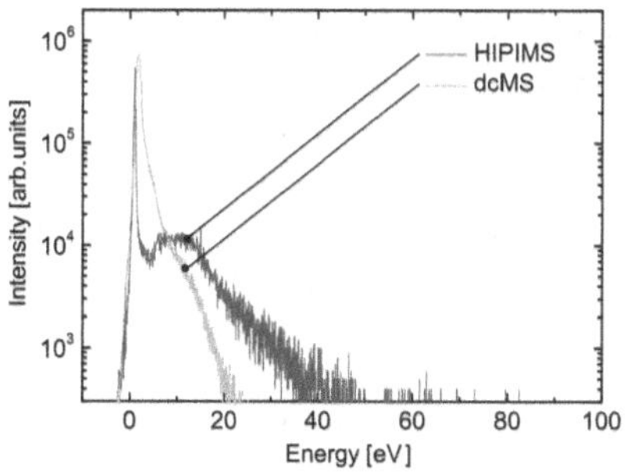

Abbildung 2.12 Ionenenergieverteilung von Ti^+-Ionen aus einer DC-Magnetron und einer HiPIMS-Entladung. Aus [59]

HiPIMS-Entladung berechnet, dass die Gasverdünnung $\Delta n_{\mathrm{Ar}}/n_{\mathrm{Ar},0} \approx 50\,\%$ beträgt. Der dominierende Effekt ist (für HiPIMS) dabei der Verlust von Argon-Atomen durch Ionisation. Wird ein Argon-Atom durch Elektronenstoß ionisiert, so wird es zum Target beschleunigt. Dort werden die Argon-Ionen neutralisiert und sind bei der Rückkehr energetisch genug, um die Ionisationsregion vor der Kathode ohne Wechselwirkung zu durchqueren. Somit führt die Ionisation eines Argon-Atoms zu dessen Verlust [13, 60]. Betreibt man optische Emissionsspektroskopie zeitaufgelöst, so kann der Verdünnungsprozess während des HiPIMS-Pulses beobachtet werden. Die Emission von Ar^0 sinkt dabei um eine Größenordnung, der Verlust von Ar^+-Emission ist etwas geringer [13, 61].

Für die Ionenenergie führt die Gasverdünnung dazu, dass die gesputterten (und ionisierten) Atome mit weniger Gasatomen vor dem Target stoßen können. Ihre Energie, die sie aus der Kollisionskaskade im Target erhalten haben, können sie so eher beibehalten. Diese Energie wird durch die Sigmund-Thompson-Verteilung beschrieben (siehe Abschnitt 2.2.1). Ein weiterer in der Literatur diskutierter Beitrag zur hohen Ionenenergie stammt von reflektierten Neutralen. Die sputternden Ionen werden durch die höhere Randschichtspannung in HiPIMS zu hohen Energien auf das Target beschleunigt. Wenn sie dort neutralisiert und reflektiert werden, fliegen sie als schnelle Neutrale wieder zum Substrat zurück. Auch wenn deren Geschwindigkeit in der Ionisationsregion hoch und daher die Stoßwahrscheinlichkeit niedrig ist, können die Atome dort ionisiert werden und als hochenergetische Ionen zur Ionenergieverteilung beitragen [13]. Ein weiterer Prozess, der zu einer höheren Ionenenergie führen kann, ist die zusätzliche Beschleunigung durch das höhere Plasmapotential in Spokes [13, 62–65]. Durch die höhere Plasmadichte in HiPIMS ist die Dichte in den Spokes vermutlich auch höher, sodass dieser Beitrag höher ist als in DCMS.

In der Praxis wird der hohe Ionisationsgrad der gesputterten Atome genutzt, um Substrate mit komplexer Geometrie zu beschichten, da die Metallionen durch eine zusätzliche Bias-Spannung am Substrat gelenkt werden können. Ein Beispiel dafür ist das Füllen von dünnen Gräben in der Mikroelektronik [66]. Die Höhe der Biasspannung ermöglicht weiteren Einfluss auf die Teilchenenergie, so kann die Phase der wachsenden Schicht beeinflusst werden [67]. Die höhere kinetische Energie der gesputterten Spezies in HiPIMS führt (siehe Abschnitt 2.2.3) zu einer Verdichtung der Schichten [68]. Zahlreiche Studien haben gezeigt, dass mit HiPIMS abgeschiedene Schichten eine höhere Qualität und Leistung in einer Vielzahl von Anwendungen aufweisen als mit DCMS gewachsene Schichten. Beispiele dafür sind Verschleißschutzschichten [2], antibakterielle Schichten auf Polyesterfasern [6] oder Dünnschichtsensoren [15].

Nachteilig für industrielle Anwendungen ist, dass die Abscheiderate in HiPIMS-Prozessen bei gleicher mittlerer Leistung meist niedriger ist und etwa 30 bis 85 % [68] vom Wert beim DC-Magnetronsputtern beträgt. Ein vielfach diskutierter Grund hierfür ist die oben beschriebene Rückanziehung von gesputterten Spezies zum Target. Wird ein gesputtertes Atom ionisiert und wieder zum Target beschleunigt, kann es nicht zum Schichtwachstum auf dem Substrat beitragen. Der Anteil dieses Effekts am Ratenverlust hängt etwa von der Ionisationswahrscheinlichkeit α_t der gesputterten Targetatome ab sowie von deren Wahrscheinlichkeit β_t, wieder auf das Target zurück angezogen zu werden. Dort können dann über das Self-Sputtering weitere Targetatome gesputtert werden. Mit TRIM-Simulationen (*TRansport of Ions in Matter*, einem Code, der die binären Kollisionskaskaden beim Sputtern im Target simuliert) wurde außerdem berechnet, dass die Sputterausbeute beim Sputtern eines Metalltargets mit diesen Metallionen etwa 10 % niedriger ist als mit Ar^+-Ionen [49, 69]. Die Rückanziehung und das Self-Sputtern kann unterdrückt werden, wenn man eher kurze Pulse mit $t_{on} < 100\,\mu s$ verwendet. Einen signifikanten Beitrag zum Ratenverlust in HiPIMS leistet zudem die Energieabhängigkeit der Sputterausbeute Y, die in guter Näherung mit der Wurzel der kinetischen Energie der sputternden Ionen skaliert. Diese ist wiederum proportional zur Entladungsspannung U_d, also $Y \sim \sqrt{U_d}$ [49, 69, 70]. Betreibt man HiPIMS-Sputtern mit gleicher mittlerer Leistung wie im DC-Fall, hat man zwar eine höhere Entladungsspannung, kann aber aufgrund dieser Nichtlinearität in der Sputterausbeute nicht gleich viele Teilchen wie beim DCMS sputtern. Wie in Abschnitt 2.2.1 beschrieben, liegt das daran, dass bei höherer Energie die sputternden Atome tiefer in das Target eindringen, wodurch die Wahrscheinlichkeit zum Auslösen von Oberflächenatomen und damit die Sputterausbeute sinkt.

Um den Ratenverlust auszugleichen, kann HiPIMS mit anderen Anregungsformen in Superposition genutzt werden, etwa in Superposition mit DC an einem Magnetron. In diesem Prozess brennt durchgehend ein Plasma, das dem HiPIMS-Plasma Vorionisation bietet, was eine Druckreduktion ermöglicht und besonders bei kurzen HiPIMS-Pulsen für eine schnelle Zündung relevant ist [41, 42]. Die höhere Abscheiderate im Superpositionsprozess macht diesen attraktiv für industrielle Anwendungen. Durch Einstellen der Leistung von HiPIMS und DC können Abscheiderate und Metallionenfluss unabhängig voneinander eingestellt werden [43]. Besonders für die Abscheidung dielektrischer Schichten im reaktiven Sputterprozess wurde weiterhin die Superposition von HiPIMS mit Mittelfrequenzpulsen (MF, 10–250 kHz) entwickelt, bei der die zusätzlichen Pulse in der Off-Zeit der HiPIMS-Pulse eingebracht werden [71].

2.3.3 HF-Plasma

Bisher wurde der Plasmabetrieb mit DC-Anregung oder DC-Pulsen diskutiert. Beim Arbeiten mit elektrisch isolierenden Materialien, etwa beim Sputtern eines dielektrischen Verbindungstargets, beim reaktiven Sputtern hochisolierender Schichten oder für den Substratbias bei dielektrischen Substraten kann eine Hochfrequenz-Anregung (HF) verwendet werden. Dafür wird in der Regel das Plasma mit Frequenzen von 13,56 MHz oder höheren Harmonischen angeregt. Diese Frequenzen sind geeignet, um ausschließlich die Elektronen im Plasma zu heizen, da die Anregungsfrequenz ω_{HF} in einem typischen Niederdruckplasma zwischen der Ionenplasmafrequenz ω_{i} und der Elektronenplasmafrequenz ω_{e} liegt [23]:

$$\omega_{\mathrm{i}} \ll \omega_{\mathrm{HF}} \ll \omega_{\mathrm{e}}. \tag{2.38}$$

Die Ionen sind daher nicht in der Lage, dem schnell oszillierenden HF-Wechselfeld zu folgen. So können die Ionen lediglich auf das zeitlich gemittelte Feld, die Elektronen hingegen auch auf die Oszillation der HF-Anregung reagieren. Beim Sputtern werden kapazitativ gekoppelte HF-Entladungen verwendet. Dabei wird die Leistung nicht direkt auf das Target (die getriebene Elektrode), sondern über einen Trennkondensator eingekoppelt. Der Aufbau hierfür ist schematisch in Abb. 2.13 gezeigt.

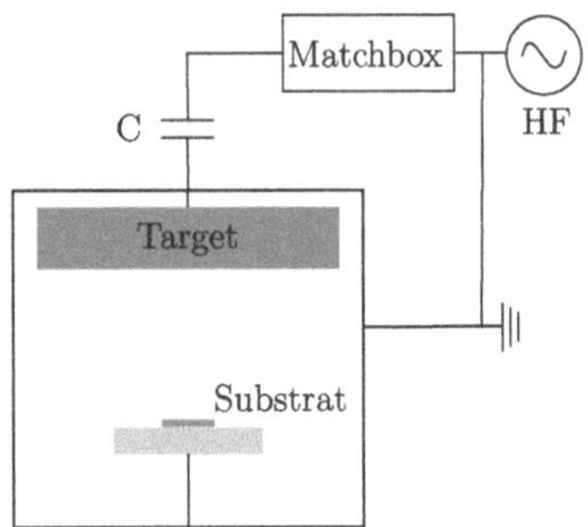

Abbildung 2.13 Schematischer Aufbau beim HF-Sputtern. Die Hochfrequenz wird durch einen Kondensator *C* zum Target eingekoppelt, die Matchbox wird zur Impedanzanpassung benötigt. Nach [72]

Der Kondensator ist aufgrund der frequenzabhängigen Impedanz durchlässig für die HF-Spannungen, ein DC-Strom kann aber nicht hindurchfließen. Die Impedanzanpassung zwischen der Plasmaimpedanz und der Ausgangsimpedanz des HF-Generators geschieht durch eine Matchbox, die aus mehreren Kapazitäten und Induktivitäten besteht. Substrathalter und Kammerwand sind als Gegenelektrode geerdet [72].

Ausdehnung und Elektronendichte in der Plasmarandschicht sind durch die HF-Anregung zeitabhängig. In der negativen Halbwelle werden die Elektronen in einer breiteren Randschicht von der Elektrode weg beschleunigt, in der positiven Halbwelle wird die Randschicht hingegen schmaler [23, 73]. Die Randschichten vor der getriebenen Elektrode U_{HF} und vor der geerdeten Gegenelektrode U_{Ground} können als Kapazitäten behandelt werden. Die Kapazität C der Randschicht mit Dicke d ist dabei abhängig von der Elektrodenfläche A über

$$C = \epsilon_0 \frac{A}{d}. \tag{2.39}$$

Die Impedanz X_C ist dann invers abhängig von der Kapazität:

$$X_C = \frac{1}{i\omega_{\mathrm{HF}} C}. \tag{2.40}$$

Beim HF-Sputtern wird typischerweise eine asymmetrische HF-Entladung verwendet, bei der die getriebene Elektrode (Target) deutlich kleiner ist als die geerdete Gegenelektrode (Kammerwand). Der Trennkondensator erzwingt, dass sich der Strom innerhalb einer HF-Periode über beide Elektroden zu Null addieren muss, da durch den Kondensator kein Gleichstrom fließen kann. Der mittlere Spannungsabfall vor dem Target ist deutlich größer als vor der größeren, meist geerdeten Gegenelektrode: $\overline{U}_{\mathrm{HF}} \gg \overline{U}_{\mathrm{Ground}}$. Das Verhältnis der Spannungsabfälle in den Randschichten steht im Zusammenhang mit dem Flächenverhältnis über

$$\frac{\overline{U}_{\mathrm{HF}}}{\overline{U}_{\mathrm{Ground}}} = \left(\frac{A_{\mathrm{Ground}}}{A_{\mathrm{HF}}}\right)^x. \tag{2.41}$$

Der theoretische Wert für den Exponenten x liegt zwischen 2.5 und 4 [25]. Dies bezeichnet man auch als geometrische Asymmetrie der HF-Entladung. Die (Randschicht-) Spannung am Target erhält einen negativen Gleichrichtwert, genannt DC-Bias. So können Ionen beim HF-Sputtern effektiv auf das Target beschleunigt werden.

Die oszillierenden Randschichten im HF-Plasma bieten die Möglichkeit für einen zusätzlichen Heizmechanismus neben der Ohm'schen Heizung. Diese ist gegenwärtig in allen Entladungen, hier gewinnen die Elektronen Energie durch die Beschleunigung im elektrischen Feld und übertragen diese durch Stöße. Im HF-Plasma trägt zusätzlich die sogenannte stochastische Heizung zur Elektronenenergie bei. Hierbei erhalten die Elektronen Energie bei der Reflexion an der oszillierenden Randschicht [25].

Diagnostiken 3

Für ein möglichst umfassendes Verständnis der untersuchten Magnetonsputterprozesse werden verschiedene Diagnostiken verwendet, deren Messprinzipien im Folgenden beschrieben sind. Zunächst werden dabei die Diagnostiken zur Untersuchung des Plasmas und des Energieflusses auf eine Substratoberfläche behandelt, wie etwa die passive Thermosonde, eine sogenannte nicht-konventionelle Diagnostik zur Messung des integralen Energieflusses. Die Ionenenergieverteilung wird über einen Gegenfeldanalysator und energieselektive Massenspektrometrie bestimmt, optische Emissionsspektroskopie gibt Einblicke in die Plasmazusammensetzung. Außerdem wird die Abscheiderate und Struktur der gesputterten Schichten mittels einer Quarzkristall-Mikrowaage, über Profilometrie und Rasterelektronenmikroskopie untersucht. Diese Diagnostiken werden im zweiten Teil des Kapitels vorgestellt.

3.1 Plasmadiagnostik

3.1.1 Passive Thermosonde

Mit einer kalorimetrischen Sonde kann der integrale Energieeintrag auf einen Substratdummy im Plasmaprozess bestimmt werden. Wie in Abschnitt 2.2.2 diskutiert, wird dabei die Summe von Beiträgen etwa von Ionen, Elektronen, Neutralteilchen,

---

Ergänzende Information Die elektronische Version dieses Kapitels enthält Zusatzmaterial, auf das über folgenden Link zugegriffen werden kann https://doi.org/10.1007/978-3-658-50590-5_3.

C. Adam, *Diagnostik an HiPIMS-Magnetronsputterplasmen*, BestMasters,
https://doi.org/10.1007/978-3-658-50590-5_3

Strahlung und Kondensationswärme gemessen. Diese Messtechnik geht zurück auf John A. Thornton [36, 74], der 1978 erstmals Energieflussdichten auf ein Substrat durch Temperaturmessung mit einem Thermoelement, das an der Substratrückseite befestigt wurde, beschrieb. Diese Technik wurde später als sogenannte passive Thermosonde (engl. *passive thermal probe*, PTP) [75–77] optimiert, bei der das Thermoelement und auch ein zusätzliches Bias-Kabel durch Punktschweißen mit der Substratrückseite verbunden werden. Dies erlaubt auch die potentialabhängige Messung des Energieflusses, wodurch sich bei Kenntnis der Plasmaparameter auch die Ionen- und Elektronenbeiträge zum Energiefluss berechnen lassen. Andere Ansätze zum Aufbau einer kalorimetrischen Sonde messen etwa Temperaturunterschiede auf einer Membran, die auf einem Halterungsring als Kühlkörper befestigt ist (Gardon-Sensor) [78], oder sie messen direkt die Temperaturänderung auf dem Substrat [79, 80].

Der schematische Aufbau der in dieser Arbeit verwendeten passiven Thermosonde ist in Abb. 3.1 dargestellt. Das Kupferplättchen (100 µm Dicke, 11 mm Durchmesser) wirkt als Substratdummy. Die Substrattemperatur wird basierend auf dem Seebeck-Effekt mit einem Typ-K-Thermoelement gemessen, das an der Substratrückseite durch Punktschweißen angebracht ist. Mit einem zusätzlichen Kupferdraht kann die Sonde geerdet oder auf ein Bias-Potential gesetzt werden. Die Drähte sind mit einer Platine verbunden, welche die Temperatur mit 90 Hz Abtastrate misst.

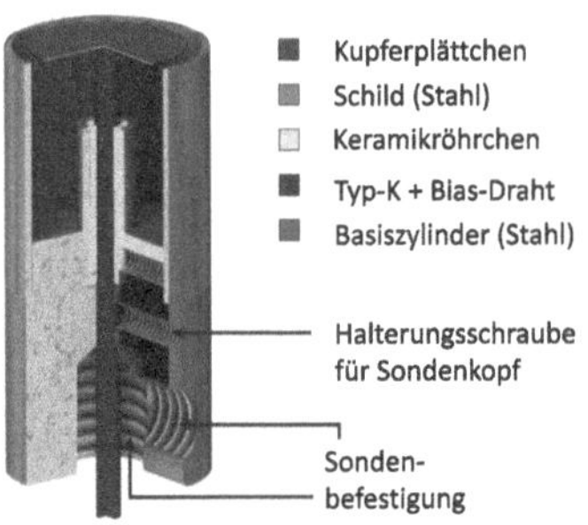

Abbildung 3.1 Schematische Darstellung des Aufbaus einer passiven Thermosonde (PTP). Bearbeitet aus [38]

So wird die Temperaturänderung eines Substrats im Plasmaprozess in einer Heiz- und Kühlperiode gemessen. Eine Temperaturkurve ist dabei exemplarisch in Abb. 3.2 gezeigt.

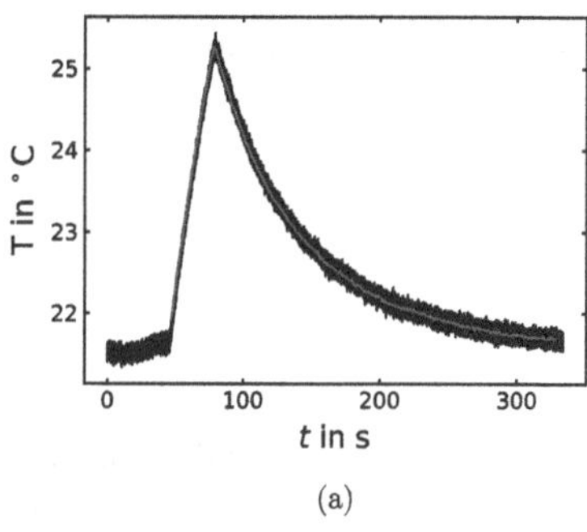

(a)

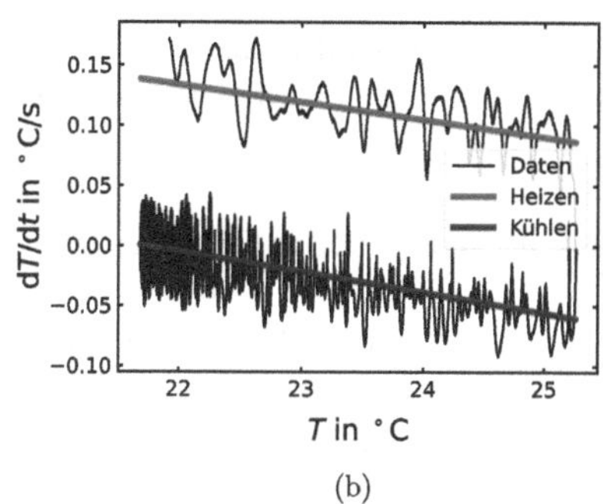

(b)

Abbildung 3.2 (a): Temperaturänderung während einer 60 s langen Heizperiode und anschließendes Abkühlen. (b): Zugehöriger dT/dt-Plot mit Regressionsgeraden

In der Heizperiode ist das Plasma eingeschaltet, Teilchen aus dem Plasma können zur Sonde gelangen. Die Enthalpieänderung des Substrats, das Produkt aus Wärmekapazität und Temperaturänderung des Substrats ($\dot{T}$), ist die Differenz aus eingehender und ausgehender Leistung:

$$\dot{H}_\mathrm{h} = C_\mathrm{S}\dot{T}_\mathrm{h} = P_\mathrm{in} - P_\mathrm{out,h}. \tag{3.1}$$

Die Wärmekapazität wird durch Kalibration im Elektronenstrahl bestimmt [81]. In der Kühlperiode wird das Plasma ausgeschaltet. Das Substrat kühlt dabei vor allem durch Wärmeleitung ab:

$$\dot{H}_\mathrm{c} = C_\mathrm{S}\dot{T}_\mathrm{c} = -P_\mathrm{out,c}. \tag{3.2}$$

Unter der Annahme, dass die ausgehende Leistung während der Heiz- und Kühlperiode gleich ist ($P_\mathrm{out,h} = P_\mathrm{out,c}$), kann der Energiefluss J_in (eingetragene Leistung pro Substratfläche A_S) bestimmt werden, indem Gleichung (3.2) von (3.1) subtrahiert wird:

$$J_\mathrm{in} = \frac{P_\mathrm{in}}{A_\mathrm{S}} = \frac{C_\mathrm{S}}{A_\mathrm{S}}\left(\dot{T}_\mathrm{h} - \dot{T}_\mathrm{c}\right). \tag{3.3}$$

Eine detaillierte Beschreibung der Lösung der Differentialgleichungen erster Ordnung für die Substrattemperatur findet sich in Ref. [76, 77]. Aus diesen Rechnungen wird ersichtlich, dass $\dot{T}$ linear von der Temperatur T abhängt, die Steigung ist in der Heiz- und Kühlperiode gleich. Dies wird für die Datenauswertung genutzt, bei der $\dot{T}$ über der Temperatur selbst aufgetragen und für Heiz- und Kühlperiode eine lineare Regression durchgeführt wird. Dies ist ebenfalls in Abb. 3.2 gezeigt. Der

Energieeintrag wird aus der Differenz der Regressionsgeraden bestimmt. Diese Darstellung der Daten wird als $\mathrm{d}T$-Methode bezeichnet.

3.1.2 Gegenfeldanalysator

Mit einem Gegenfeldanalysator (kurz GFA, engl. *retarding field analyzer*) wird die Energieverteilung geladener Teilchen, in der Regel Ionen, im Plasma gemessen. Aufbau und Funktionsweise sind schematisch in Abb. 3.3 für die Messung positiv geladener Ionen skizziert. Im GFA werden geladene Teilchen in Abhängigkeit von der Spannung auf den Gittern als Strom auf dem Kollektor (C) gemessen. Würde keine Spannung angelegt, könnten alle Teilchen aus dem Plasma den Kollektor erreichen. Zur Detektion von Ionen wird am ersten Gitter, dem Screen-Gitter G_1, eine negative Spannung angelegt, um das Eindringen von Elektronen aus dem Plasma in den GFA zu verhindern. Am zweiten Gitter, genannt Diskriminator- oder Scan-Gitter, wird eine positive Spannung U angelegt. Dieses Potential bildet eine Energiebarriere für die einlaufenden Ionen. Kommt ein Ion mit Ladung q aus dem Plasmapotential Φ_P in den GFA, so muss es mindestens eine kinetische Energie von $E > q(U - \Phi_p)$ haben, um durch das Scan-Gitter zu fliegen und auf dem Kollektor gemessen zu werden. Für die Messung der Ionenenergieverteilung $f(E)$ wird die Spannung am Scan-Gitter variiert. Zwischen Scan-Gitter und Kollektor befindet sich ein drittes Gitter mit angelegter negativer Spannung. So werden vom Kollektor emittierte Sekundärelektronen wieder zum Kollektor zurückgedrängt, können den Kollektorstrom somit nicht verfälschen. Die Ionenenergieverteilung ergibt sich aus der Ableitung des gemessenen Stroms [82]:

$$f(E) \sim \left.\frac{\mathrm{d}I}{\mathrm{d}U}\right|_{E=qU}. \tag{3.4}$$

Anders als ein energieselektives Massenspektrometer hat ein GFA nicht die Möglichkeit zur Massenselektion, man misst also stets die Summe der Energieverteilung aller positiv geladenen Ionen. Bei der Konstruktion eines GFA sollte der Gitterabstand möglichst klein sein, kleiner als die mittlere freie Weglänge für Ladungsaustauschstöße, um die Ionenenergieverteilung nicht zu verfälschen. Außerdem sollte das Verhältnis aus Lochgröße zu Gitterabstand möglichst gering sein. So können Einflüsse der Gittergeometrie auf die Ionentrajektorien vermieden werden [83].

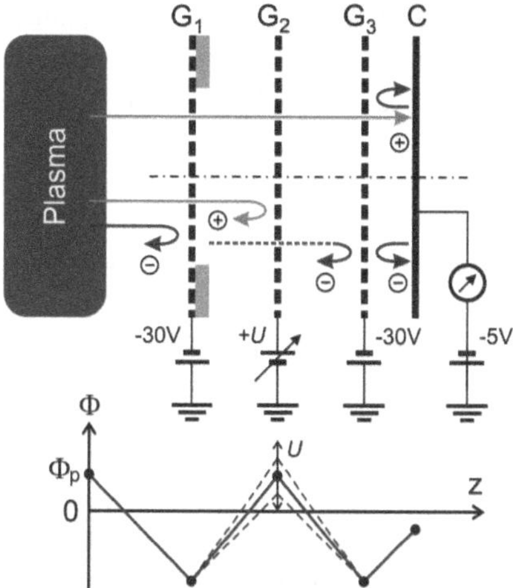

Abbildung 3.3 Schematische Darstellung eines Gegenfeldanalysators mit drei Gittern für die Messung der Ionenenergieverteilung positiver Ionen. Unten: Schematische Potentiale im GFA. Die Ionen kommen aus dem Plasmapotential Φ_P. Am Screen-Gitter G_1 werden Plasmaelektronen abgestoßen. Das Scan-Gitter G_2 bildet eine Energiebarriere für die positiv geladenen Ionen. Das SE-Repeller-Gitter G_3 reflektiert Sekundärelektronen zurück in den Kollektor. Aus [82]

Der verwendete GFA wurde im Rahmen der Dissertation von Felix Schlichting an der CAU Kiel entwickelt [84]. In der Sonde sind gebohrte Gitter mit Stärke 0.2 mm, Gitterabstand 0.3 mm und Lochdurchmesser von 0.4 mm verbaut. Die optische Transparenz eines einzelnen Gitters beträgt etwa 60 % [85]. In diesem GFA ist als Kollektor eine passive Thermosonde integriert. Durch Aufnahme der Strom-Spannungs-Charakteristik kann damit die Ionenenergieverteilung gemessen werden. Mit diesem Aufbau kann aber auch der Energieeintrag an verschiedenen Punkten der GFA-Kurve (Ionenenergieverteilung) bestimmt werden: Hierzu werden bei konstanten Gitterspannungen PTP-Messungen, wie im vorherigen Abschnitt beschrieben, durchgeführt. Diese Messungen werden dadurch erschwert, dass die Transparenz des Gitterstapels gering ist (deutlich kleiner als $60\,\%^3 \approx 21\,\%$). Das führt zu kleinen Temperaturänderungen auf der PTP und so zu einer geringen Sensitivität für Änderungen im Energiefluss. Verglichen mit dem ersten Prototyp, der in Ref. [84, 85] beschrieben ist, konnte die Sensitivität der Thermosonde erhöht werden, indem die Wärmekapazität der PTP durch eine dünnere Edelstahlplatte (50 µm Dicke, 5 mm Durchmesser) und ein dünneres Thermoelement (0.076 mm

Durchmesser pro Draht) reduziert wurde. Um einen Einfluss des sich aufheizenden Gehäuses auf die PTP-Messungen zu verhindern, befinden sich Gitter und PTP in einem wassergekühlten Gehäuse. Die Experimente in dieser Arbeit wurden mit -40 V an Screen- und SE-Repeller-Gitter und -10 V am Kollektor durchgeführt.

3.1.3 Energieselektive Massenspektrometrie

Mit energieselektiver Massenspektrometrie können Masse und Energie von positiv und negativ geladenen Ionen aus dem Plasma gemessen werden. Auch die Analyse von Neutralteilchen ist durch einen Ionisator möglich. Die Beschreibung dieser Diagnostik basiert auf Ref. [82, 86]. Da im Massenspektrometer die zu untersuchenden Ionen nicht durch Stöße abgelenkt werden dürfen, herrscht im Massenspektrometer ein niedriger Druck $\leq 10^{-3}$ Pa. Häufig wird als Detektor ein Sekundärelektronenvervielfacher (engl. *secondary electron multiplier*, kurz SEM) verwendet, der für den Betrieb noch niedrigere Drücke unter $7 \cdot 10^{-4}$ Pa benötigt [87]. Sonst könnte der SEM durch mögliche Überschläge beschädigt werden.

Der Aufbau eines energieselektiven Massenspektrometers ist in Abb. 3.4 schematisch dargestellt. Die Teilchen aus dem Plasma können durch eine kleine Eintrittsblende (typische Durchmesser 50 bis 300 µm) in die differentiell gepumpte Kammer gelangen, in der sich die Hardware des Massenspektrometers befindet. Sollen im SIMS-Modus (Sekundärionen-Massenspektrometrie) die Plasmaionen gemessen werden, so werden diese hinter der Eintrittsblende durch elektrostatische Ionenlinsen in das Massenspektrometer fokussiert. Auch zwischen den Komponenten des Massenspektrometers sind Ionenlinsen für den Ionentransfer eingebaut.

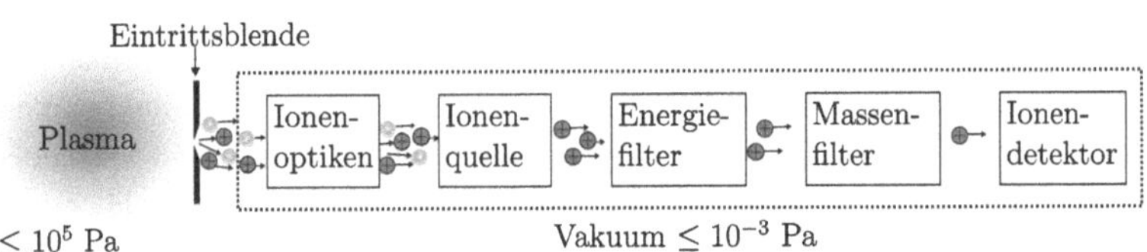

Abbildung 3.4 Schematischer Aufbau eines energieselektiven Massenspektrometers nach [82, 88]

Direkt hinter den Ionenlinsen befindet sich meist ein Ionisator, sodass sowohl Ionen als auch Neutralteilchen aus dem Plasma untersucht werden können. Bei der Untersuchung des Neutralgases, genannt Restgasanalyse (RGA), würden dann die Neutralteilchen durch die Ionenquelle ionisiert. Meist geschieht dies durch Elektronenstoßionisation, wobei die Elektronen durch thermionische Emission aus einem Filament austreten. Ein freies Elektron kollidiert dann mit einem gebundenen Valenzelektron eines Atoms, das so genug Energie erhält, um die Bindungsenergie zu überwinden. Der Wirkungsquerschnitt für diesen Prozess ist material- und energieabhängig. Bei der Ionisation eines Moleküls kann dieses durch dissoziative Elektronenstoßionisation auch in mehrere Fragmente gespalten werden. Im SIMS-Modus, in dem die Ionen aus dem Plasma gemessen werden, wird der Ionisator nicht verwendet.

Hinter dem Ionisator findet die Energiefilterung statt, gängige Filter sind elektrostatische Sektorfeldanalysatoren (ESA) und zylindrische Bessel-Box Energieanalysatoren (BBEA). In dem in dieser Arbeit verwendeten Massenspektrometer, dem Hiden Analytical PSM, ist ein BBEA verbaut. Aufbau und Funktionsprinzip dieses Energiefilters sind in Abb. 3.5 skizziert. Es handelt sich um eine zylindrische Form, wobei die Endkappen vom Zylinderkörper elektrisch isoliert sind. Am Zylinder wird zur Energiefilterung ein Potential angelegt, sodass niederenergetische Teilchen ($E_\text{i} < E_\text{pass}$) aufgrund der Potentialbarriere nicht durch den Zylinder gelangen können. Den Ionen mit höherer Energie ist dies möglich, beim Flug durch den Zylinder wird ihre Trajektorie gekrümmt. In der Mitte des Zylinders ist der Weg für die Ionen blockiert. So werden hochenergetische Ionen, die durch die Potentiale im Filter kaum abgelenkt werden, nicht transmittiert. So wirkt der BBEA als Bandpass-Ionenenergiefilter mit Auflösung von $\Delta E_\text{i} \approx 0.5\,\text{eV}$. Die Ionentrajektorien im BBEA können durch modifizierte Bessel-Funktionen beschrieben werden, was dem Energiefilter seinen Namen gibt.

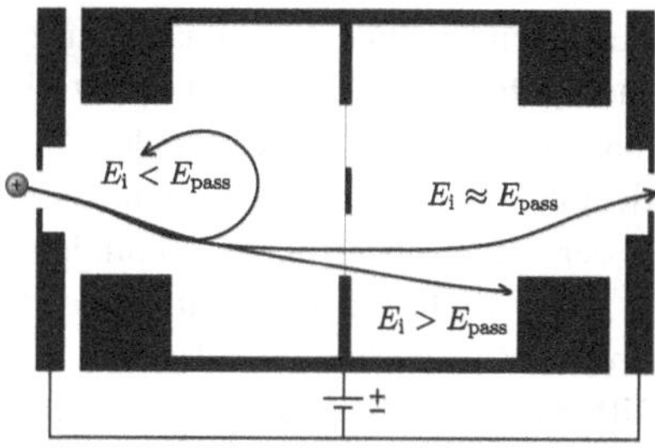

Abbildung 3.5 Schematische Darstellung eines Bessel-Box Energieanalysators (BBEA), der durch Bauform und angelegte Spannung nur Ionen mit Energie $E_\text{i} \approx E_\text{pass}$ transmittieren lässt. Bearbeitet aus [88]

Für die Messung der Ionenenergieverteilung wird die Spannung an Zylinder und Endkappen des Bessel-Box Energiefilters durchgefahren, wobei die Potentialdifferenz konstant bleibt. Vorteile des BBEA sind das einfache Design und die gute Energieauflösung. Andererseits ist die Feldform komplex und von der Elektrodengeometrie abhängig, was die Beschreibung von Fokus- und Dispersionseigenschaften erschwert. Außerdem liegt die Transmission eines BBEA lediglich bei etwa 10 %. In einem energieselektiven Massenspektrometer erfolgt nach der Energie- die Massenselektion. Dabei findet die Trennung stets nach dem Verhältnis von Masse zu Ladung m/q statt. Meist wird dafür, wie in dieser Arbeit auch, ein Quadrupol-Massenfilter verwendet. Der zylindrische Elektrodenaufbau eines Transmissionsquadrupol-Massenfilters ist in Abb. 3.6 skizziert.

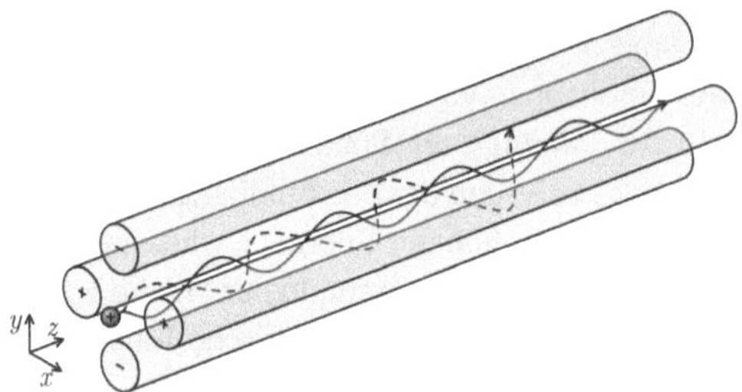

Abbildung 3.6 Schematische Darstellung eines Transmissionsquadrupol-Massenfilters mit einer stabilen (durchgezogene Linie) und instabilen (gestrichelt) Ionentrajektorie. Aus [88]

An den vier parallelen Stäben des Filters werden DC- und HF-Spannungen angelegt. Die zwei gegenüberstehenden Stäbe liegen dabei auf gleichem Potential, was ein zeitabhängiges Quadrupolfeld erzeugt. Dies bewirkt, dass nur Ionen mit spezifischem Masse-Ladungs-Verhältnis auf einer stabilen Trajektorie mit limitierten Radius in x- und y-Richtung oszillieren und so transmittiert werden. Alle anderen Ionen werden von der Achse abgelenkt und kollidieren mit den Stäben, da die Trajektorien in x- oder y-Richtung nicht stabil sind. Für die mathematische Betrachtung des Quadrupol-Massenfilters, bei der sich die Bewegungsgleichung auf die Mathieusche Differentialgleichung zurückführen lässt, sei auf die Literatur verwiesen [89, 90].

Nach der Massenfilterung gelangen die Ionen zum Detektor, wo sie in ein messbares Signal umgewandelt werden. Die einfachste Detektorbauart ist ein Faraday-Cup (FC), dargestellt in Abb. 3.7a. Dieser besteht aus einem Metallbecher, in welchem die Ionen hinter dem Massenfilter auftreffen. Die Becherform sorgt dafür, dass

Sekundärelektronen, die im Becher durch das Ionenbombardement ausgelöst werden, wieder im Material landen. Der Strom, der aus dem Faraday-Becher fließt, wird als Spannung über einen hochohmigen Widerstand gemessen. Ein Vorteil des Faraday-Bechers ist, dass dieser durch den Gebrauch nicht verschleißt und die Sensitivität unabhängig von der Ionenmasse ist. Außerdem kann dieser Detektor bei höheren Drücken als ein Sekundärelektronenvervielfacher verwendet werden. Nachteilig sind die geringe Sensitivität und Antwortzeit.

Meist wird in Massenspektrometern daher ein Sekundärelektronenvervielfacher (engl. *secondary electron multiplier*, kurz SEM) verwendet, entweder mit diskreten Dynoden (Abb. 3.7b) oder in kontinuierlicher Bauform, genannt Channeltron (Abb. 3.7c). In beiden Fällen wird an die erste Dynode beziehungsweise den oberen Teil des Detektors eine Spannung angelegt, die entgegen der Polarität der Ionen gesetzt ist. So werden die Ionen auf den SEM beschleunigt und lösen dort an der sogenannten Konversionsdynode Sekundärelektronen heraus. Diese werden dann auf die nächsten Dynoden, beziehungsweise weiter durch das Channeltron, beschleunigt, wo sie auftreffen und jeweils weitere Elektronen herauslösen. So entsteht durch mehrfache Vervielfachung eine Elektronenlawine von 10^5 oder mehr Elektronen, die dann auf einer Elektrode gemessen wird. Der Strom, der über einen Widerstand in ein Hochspannungssignal umgewandelt wird, ist dann proportional zur Zahl der auftreffenden Ionen. Vorteile des SEM gegenüber dem Faraday-Cup sind die hohe Sensitivität und schnelle Antwortzeit. Aufgrund des Ionenbombardements wird die Oberfläche des SEM allerdings über die Zeit degradiert und kontaminiert, was die Konversionseffizienz verschlechtert und die Detektorlebensdauer reduziert.

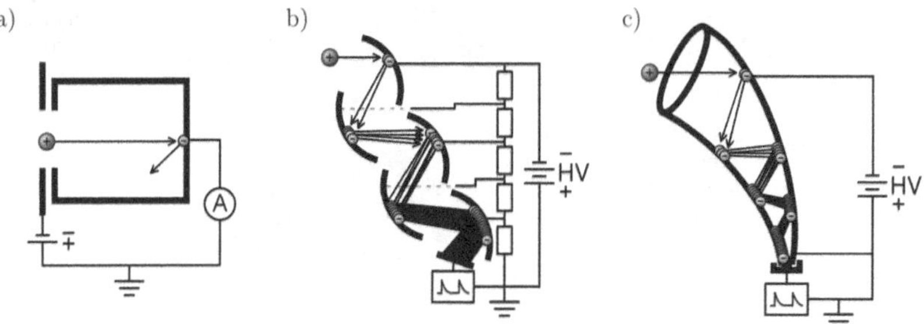

Abbildung 3.7 Schematische Darstellung der Ionendetektoren, die bei der Massenspektrometrie genutzt werden: Faraday-Becher a), Sekundärelektronenvervielfacher mit diskreten Dynoden b) und in kontinuierlicher Bauform als Channeltron c). Aus [88], Adaptierung aus [86]

Mit energieselektiver Massenspektrometrie werden in der Regel relative Ionenflüsse gemessen. Für eine Kalibrierung der absoluten Ionenflüsse würden weitere Informationen über etwa die Energie- und Massenabhängigkeit der Komponenten benötigt. So ist etwa der Akzeptanzwinkel der Eintrittsblende energieabhängig, aber auch die Transmission des Quadrupol-Massenfilters und die Sensitivität des SEM sind massenabhängig. Für eine möglichst zuverlässige Messung sind die einzustellenden Spannungen an den Komponenten des Massenspektrometers kritische Parameter. So kann durch eine schlechte Einstellung der Ionenoptiken die gemessene Ionenenergieverteilung stark verfälscht werden [88].

3.1.3.1 Hiden Analytical PSM

In dieser Arbeit wird als energieselektives Massenspektrometer das PSM (engl. *Plasma Sampling Mass spectrometer*) von Hiden Analytical verwendet, dessen Querschnitt in Abb. 3.8 zu sehen ist. Um das Beschichten der Komponenten im Massenspektrometer durch das Sputterplasma möglichst zu reduzieren, wurde mit einer kleinen Eintrittsblende mit Durchmesser 50 μm gearbeitet. Im PSM ist zur Energieselektion ein Bessel-Box Energiefilter integriert, mit dem Ionen mit

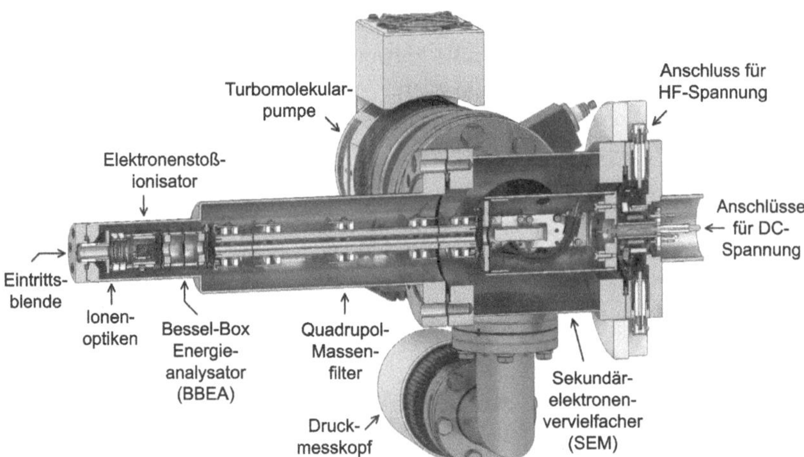

Abbildung 3.8 Querschnitt durch das energieselektive Massenspektrometer Hiden Analytical PSM. Neben den Komponenten des Massenspektrometers selbst (Eintrittsblende, Ionenlinsen, Ionisator, Quadrupol-Massenfilter, Bessel-Box Energieanalysator und SEM als Detektor) ist hier auch die nötige Turbomolekularpumpe abgebildet, mit der das Massenspektrometer differentiell gepumpt wird. Grafik übersetzt aus [88]

Energien bis zu 100 eV gemessen werden können. Die Detektion der Ionen hinter dem Quadrupol-Massenfilter (max. Ionenmasse 300 u) erfolgt über einen SEM (Channeltron). Außerhalb der Kammer wird am Massenspektrometer ein HF-Kopf angeschlossen, über den mit einer Steuereinheit (engl. *Mass Spectrometer Interface Unit*, kurz MSIU) die DC- und HF-Spannungssignale erzeugt werden. Für den Betrieb des SEMs werden unter $7 \cdot 10^{-4}$ Pa benötigt [87], da dort sonst durch die Hochspannung ein Plasma zünden könnte, das den Detektor beschädigen würde. Dieser Druck wird mit differentiellem Pumpen der Kammer des Massenspektrometers mit einer Vorpumpe und Turbomolekularpumpe erreicht. Der Druck im Massenspektrometer wird über einen Druckmesskopf gemessen, der auch mit der MSIU verbunden ist. Das Drucksignal verhindert so den versehentlichen Betrieb des Geräts bei zu hohen Drücken. Die Zählraten im SEM dürfen $10^7\ s^{-1}$ nicht überschreiten, da dann die Signale der einzelnen Ionen nicht mehr getrennt werden können und der Detektor falsche Raten messen würde.

Die Messungen im Magnetronsputterplasma wurden stets im +ionSIMS-Modus durchgeführt. Dafür wurde das Spektrometer an der Substratposition zentral unter dem Target mit etwa 20 cm Abstand eingebaut. Die Einstellungen des Massenspektrometers sind in Anhang A im elektronischen Zusatzmaterial beschrieben.

Für zeitaufgelöste Messungen in HiPIMS wird am Massenspektrometer ein MID-Scan (engl. *Multi Ion Detection*) durchgeführt, bei dem über der Zeit eine Spezie mit vorgegebener Masse und Energie kontinuierlich gemessen wird. Dieses Signal wird an einen Multi Channel Scaler (MCS) übermittelt. Dabei handelt es sich um eine Zählkarte, die von der AG Extraterrestrische Physik an der CAU Kiel entwickelt wurde. Der MCS hat zwei BNC-Eingänge: für ein Trigger-Signal und für das Ausgangssignal vom SEM des Massenspektrometers. Die Funktionsweise ist in Abb. 3.9 illustriert. Die Ereignisse, also die gezählten Ionen im SEM, werden vom MCS gezählt, sofern das Signal eine Spannungsgrenze überschreitet. Abhängig von der Bin-Breite und dem Signal-Delay zwischen Ereignis und Triggersignal wird das Signal in einem der $N = 16384$ Bins des MCS gespeichert, indem der dortige Zähler erhöht wird. Die Bin-Breite t_d beträgt mindestens 10 ns. Die optimale Bin-Breite für ein Signal mit Periodendauer T ist

$$t_d = T/N. \tag{3.5}$$

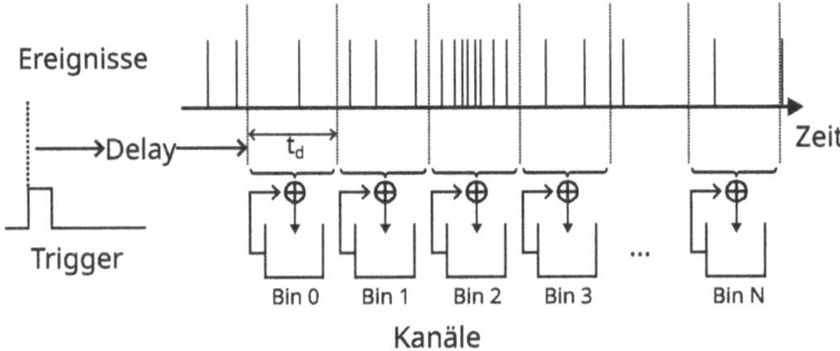

Abbildung 3.9 Illustration des Funktionsprinzips eines MCS. Die Ereignisse werden in den einzelnen Bins summiert. Aus [91]

3.1.4 Optische Emissionsspektroskopie

Für den Laien ist die Lichtemission das eindrücklichste Merkmal eines Plasmas – dieses emittierte Licht wird in der optischen Emissionsspektroskopie (OES) untersucht. Im Plasma werden, primär durch Stoß eines energetischen freien Elektrons mit einem gebundenen Elektron, elektronische Zustände in Gasatomen und -ionen angeregt. Beim anschließenden Übergang des Elektrons aus einem angeregten Zustand mit Energie E_p in einen Zustand mit Energie E_k wird Licht emittiert mit Wellenlänge

$$\lambda = hc/(E_p - E_k). \tag{3.6}$$

Hierbei bezeichnet h das Plancksche Wirkungsquantum und c die Lichtgeschwindigkeit. Die Wellenlänge ist dabei abhängig von der Atomsorte, wodurch die im Plasma enthaltenen Spezies identifiziert werden können [92]. Dies wird beim Sputtern auch industriell häufig zur Prozesskontrolle genutzt[1]. Darüber hinaus können mit OES aus der Linienverbreiterung und den absoluten Linienintensitäten die Elektronendichte und -temperatur sowie die Gastemperatur und Teilchendichte bestimmt werden [92]. Für diese quantitative Auswertung von OES-Spektren sind Spektrometer mit Absolutkalibration und hoher spektraler Auflösung erforderlich [94].

Im Rahmen dieser Arbeit wird optische Emissionsspektroskopie genutzt, um qualitative Informationen über die Plasmazusammensetzung zu gewinnen, die sich etwa beim Wechsel von konventionellem Magnetronsputtern (Argon-Plasma) zu HiPIMS (Metall-Plasma) ändert. Für die Detektion der Linien ist die Nutzung eines kompakten Spektrometers mit niedriger Auflösung ausreichend. Daher wurde für

[1] Besonders beim Reaktivsputtern lässt sich der Arbeitspunkt anhand der Intensität der Metall- und Reaktivgasemissionslinien einstellen. Dies wird für die Regelung und Reproduktion der benötigten Plasmazustände und Schichtergebnisse verwendet [93].

die OES-Messungen das Spektrometer HR2000+CG-UV-NIR von Ocean Insight verwendet, dessen Messbereich als UV-NIR-Spektrometer von 190 nm bis 1100 nm Wellenlänge reicht. Der Aufbau des Spektrometers ist schematisch in Abb. 3.10 dargestellt. Das Spektrometer ist nach dem Czerny-Turner-Aufbau konstruiert, wobei es hier keine beweglichen Teile gibt.

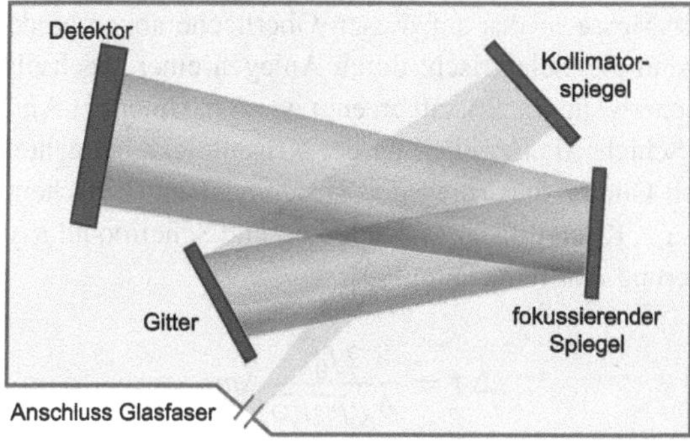

Abbildung 3.10 Schematische Darstellung der inneren Komponenten des NIR-UV-Spektrometers. Bearbeitet aus [95]

Das Licht wird über einen SMA-Verbindungsstecker von einem Glasfaserkabel in das Spektrometer eingekoppelt. Ein kollimierender Spiegel fokussiert das Licht auf das optische Gitter. Durch einen Kollimatorspiegel wird das Licht auf den Detektor reflektiert. Im CCD-Detektor (engl. *charge-coupled device*, 2048 Pixel) wird das optische in ein digitales Signal umgewandelt, das mit der Herstellersoftware als Spektrum dargestellt wird [96, 97]. Die Auflösung des Spektrometers wird durch die Gitterkonstante des optischen Gitters sowie die Breite des Eingangsspalts determiniert. Da beide Werte nicht angegeben sind, wird eine Auflösung von $\delta\lambda = \pm 1$ nm angenommen (FWHM der Linie). Dieser Wert übersteigt die Doppler- oder Druckverbreiterung der Emissionslinien und ist größer als die spektrale Auflösung [97].

Das Licht wird über Glasfaserkabel und eine entsprechende Vakuumdurchführung aus der Kammer in das Spektrometer geleitet. Vorne am vakuumseitigen Glasfaserkabel befindet sich eine Kollimatorlinse (Brennweite $f = 10$ mm), die das Licht in den Lichtleiter sammelt. Der Eingang des Glasfaserkabels wurde gegenüber vom Target, anstelle des Substrathalters, montiert. Vor der Kollimatorlinse befindet sich ein Objektträger, der das Beschichten der Linse verhindert und kostengünstig nach einigen Messungen ausgetauscht werden kann.

3.2 Diagnostik von Schichtwachstum und Oberflächen

3.2.1 Quarzkristall-Mikrowaage

Quarzkristall-Mikrowaagen (engl. *quartz crystal microbalance*, kurz QCM) werden zur In-situ-Messung von Wachstums- oder Ätzraten verwendet [98]. Diese Methode basiert auf der Abhängigkeit der Eigenfrequenz f_0 der Schwingung eines Quarzkristalls von der Masse m des auf dessen Oberfläche abgeschiedenen Materials. Quarzkristalle sind piezoelektrisch; durch Anlegen einer Wechselspannung kann eine stehende Scherwelle im Kristall erzeugt werden. Unter der Annahme, dass die abgeschiedene Schicht als Erweiterung der Kristalldicke betrachtet werden kann, wurde 1959 von Günter Sauerbrey der Zusammenhang zwischen Änderung der Eigenfrequenz Δf, Kristallfläche A, Dichte ρ_Q und Schermodul μ_Q des Quarz und der Massenänderung Δm hergeleitet [99]:

$$\Delta f = \frac{2f_0^2}{A\sqrt{\rho_Q \mu_Q}} \Delta m. \tag{3.7}$$

Die Eigenfrequenz der verwendeten Quarzkristalle beträgt einige MHz. Da die Schwingungsfrequenz bis auf 1 Hz genau bestimmt werden kann, ist auch die Messung kleiner Massenänderungen möglich.

In dieser Arbeit wurde die kommerzielle Mikrowage IL150 von Intellemetrics Global Ltd. mit goldbeschichteten Quarzkristallen (6 MHz Frequenz, 14 mm Durchmessern, 3 mm Dicke) verwendet. Die Kristalle haben eine plan-konvexe Form. Dies verstärkt die Oszillationen in der zentralen Region des Kristalls, die der Beschichtung exponiert ist. Das führt zu einer höheren Sensitivität für die Massenänderung [100]. Um auf den Kristallen auch dickere Schichten abscheiden zu können, nutzt der IL150 zur Berechnung der Massenänderung ein komplexeres Modell, in welchem der Kristall als Verbindungsresonator beschrieben wird [100]. Der IL150 berechnet so aus der Resonanzfrequenz für vorgegebene akustische Impedanz und Massendichte des abgeschiedenen Materials die Schichtdicke. In dieser Arbeit werden hierfür die Bulk-Dichten verwendet. Diese können, abhängig vom Abscheideprozess, von den tatsächlichen Massendichten in der Schicht etwas abweichen [68]. Eine genauere Auswertung würde die Messung der Dichte der Schicht etwa über Röntgenreflektometrie (engl. *X-Ray Reflectivity*, kurz XRR) [101] oder Rutherford-Rückstreu-Spektrometrie (engl. *Rutherford Backscattering Spectrometry*, kurz RBS) [68] erfordern.

3.2.2 Profilometrie

Bei der Profilometrie wird ein Taststift über eine Probenoberfläche bewegt. Die mechanische Bewegung beim Abtasten der Oberflächentopographie wird dabei elektromagnetisch gemessen. Diese Methode wird, wie in dieser Arbeit auch, häufig zur Bestimmung der Dicke abgeschiedener Schichten genutzt. Hierzu wird während der Beschichtung ein Substratteil abgedeckt, um dann die Höhe der entstandenen Kante messen zu können [72]. Die dazu verwendeten Spitzen bestehen aus Diamant und haben Radien zwischen 0.2 und 25 µm. Indem die Spitze mit 0.1–50 mg Gewicht belastet wird, können Stufen im Bereich 5 nm–800 µm gemessen werden. Die Höhenauflösung beträgt etwa 0.1 nm. In dieser Arbeit wurde das Gerät DektakXT von Bruker verwendet mit 2 µm Radius des Taststifts und unter 1 mg Belastung.

3.2.3 Rasterelektronenmikroskopie

Um Eigenschaften des beschichtenden Magnetronsputterplasmas mit den Materialeigenschaften der Beschichtungen korrelieren zu können, wurde die Struktur abgeschiedener Schichten im Rasterelektronenmikroskop untersucht (REM, engl. *scanning electron microscopy*). Dafür wurde das Mikroskop Zeiss EVO 10 verwendet. Bei der Rasterelektronenmikroskopie wird ein dünner Elektronenstrahl (Durchmesser 1–10 nm) über die Probe bewegt („gerastert"). Die Elektronen haben durch die Beschleunigung in der Elektronenquelle bis zu 30 keV Energie [102]. In der Probe finden elastische und inelastische Stoßprozesse der Elektronen statt. Dabei werden unter anderem Elektronen zurückgestreut, aber auch Auger- und Sekundärelektronen können emittiert werden. Das Wechselwirkungsvolumen, oft dargestellt in Birnenform, ist abhängig von der Elektronenenergie und dem Probenmaterial. Die Eindringtiefe kann, besonders bei leichten Elementen und hohen Elektronenergien, bis zu einigen Mikrometern betragen. Meist werden zur Bildgebung die emittierten Sekundärelektronen (SE) verwendet. Für die niederenergetischen Sekundärelektronen ist die Reabsorptionswahrscheinlichkeit in der Probe groß. Daher wurden die Sekundärelektronen, die aus der Probe austreten, in den obersten 2 nm der Probe emittiert. Das SE-Bild ist also eine Eigenschaft der Oberfläche und hängt neben der Probentopographie auch vom SE-Emissionskoeffizienten ab [102]. Für eine detaillierte Beschreibung der Rasterelektronenmikroskopie sei auf die Literatur verwiesen [102, 103].

4 Experimenteller Aufbau

4.1 Versuchsanlage

Die Experimente wurden mit einem kommerziellen planaren Typ 2 *unbalanced* Magnetron (Angstrom Sciences Onyx-2 TM) mit 2" Targetdurchmesser durchgeführt. Für die Versuche wurden 8 mm dicke Kupfertargets verwendet, die im Magnetron indirekt wassergekühlt sind. An der Targetoberfläche beträgt das Magnetfeld in der Mitte etwa 50 mT in axialer Richtung (senkrecht zur Targetoberfläche) und im Erosionsgraben 45 mT in transversaler Richtung, wobei dieser Wert auch von der Tiefe des Erosionsgrabens abhängt. Das Magnetron ist oben an der Versuchsanlage LA250 eingebaut, die in Abb. 4.1 zu sehen ist. Die Kammer hat ein Volumen

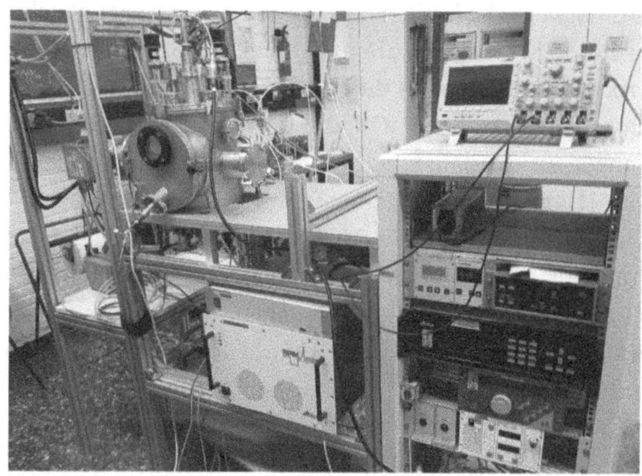

Abbildung 4.1 Experiment LA250. Das Magnetron ist oben in der Kammer eingebaut

C. Adam, *Diagnostik an HiPIMS-Magnetronsputterplasmen*, BestMasters,
https://doi.org/10.1007/978-3-658-50590-5_4

von 26 l und besteht aus nichtmagnetischem Edelstahl. Damit die Kammerwände nicht beschichtet werden, sind diese innen mit Alufolie ausgekleidet. Mit zwei Vorpumpen und einer Turbomolekularpumpe können in LA250 Basisdrücke von bis zu $4 \cdot 10^{-4}$ Pa erreicht werden.

Der Druck in der Kammer wurde mit einem Baratron (MKS 626B) bestimmt. Es wurde stets Argon als Prozessgas bei Prozessdrücken von 1–13 Pa verwendet. Das Target kann in LA250 mit zwei Blenden vom Substratraum abgeschirmt werden. Für den DC-Betrieb wurde das Magnetron mit dem Advanced Energy MDX500 DC-Generator verbunden, der die angelegte Spannung und den Entladungsstrom intern misst.

Für die Umsetzung der HiPIMS- und HF-Plasmen wurde der Aufbau an LA250 um weitere Generatoren und Komponenten erweitert. Diese sind im schematischen Schaltplan in Abb. 4.2 gestrichelt markiert. Für den HiPIMS-Prozess wurde das Magnetron mit dem Pulsgenerator SPIK3000A (MELEC) verbunden, der rechteckige Spannungspulse erzeugt und über einen zusätzlichen DC-Generator (ADL, GS-30) gespeist wird. Am DC-Generator wird die mittlere Leistung des HiPIMS-Plasmas eingestellt. On- und Off-Zeit der HiPIMS-Pulse werden über die Herstellersoftware (SPIK3000CC) des Pulsgenerators gesteuert. Es sind On- und Off-Zeiten von mindestens 5 µs möglich. Zwischen HiPIMS-Generator und Magnetron ist eine Messeinheit geschaltet, über die die Strom- und Spannungspulse gemessen und am Oszilloskop angezeigt werden können. Aufbau und Kalibrierung der Messeinheit sind in Abschnitt 4.2 beschrieben. Hinter der Messeinheit, möglichst nah am Magnetron, ist das Ausgangskabel des HiPIMS-Generators in fünf Windungen um einen Ferrit-Kern gewickelt. Die Konstruktion wirkt als passiver Tiefpass, dämpft hochfrequente elektromagnetische Wellen und kann so elektromagnetische Interferenzen reduzieren. Der Ferrit-Kern ist vor allem für reaktive Sputterprozesse erforderlich, die in dieser Arbeit aber noch nicht durchgeführt wurden [104].

Die Generatoren und Komponenten, die für die Superposition von HiPIMS mit HF zusätzlich angebaut wurden, sind in Abb. 4.2 gestrichelt umrahmt. Die Hochfrequenz wird im HF-Generator (Hüttinger PFG300) erzeugt, die Impedanzanpassung erfolgt über die zugehörige Matchbox (Hüttinger PFM 1500 A). Damit der HiPIMS-Generator nicht durch die Hochfrequenz beschädigt wird, ist davor ein Tiefpassfilter (Aurion Anlagentechnik) eingebaut, durch den die HF nicht in den HiPIMS-Generator eingekoppelt werden kann. Das kombinierte Spannungssignal von HiPIMS und HF wurde mit einem Hochspannungstastkopf (Tektronix P6015A) abgegriffen und am Oszilloskop gemessen.

Für die Untersuchung des Plasmas wurden die in Abschnitt 3.1 vorgestellten Plasmadiagnostiken im Substratraum, gegenüber vom Target, in LA250 eingebaut. Die elektrischen Daten, also Strom, Spannung und Leistung, wurden dabei stets zur

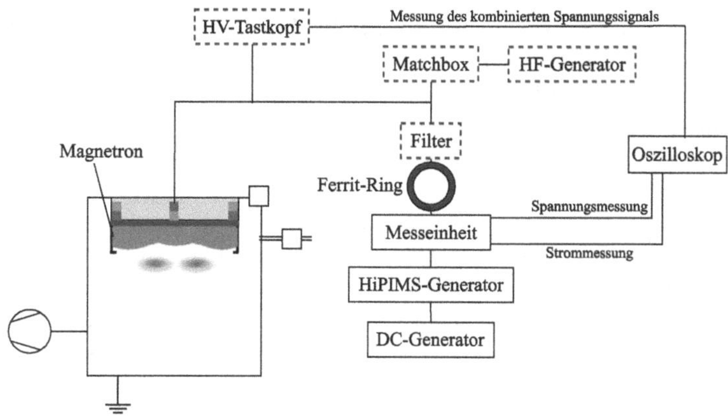

Abbildung 4.2 Schematischer Schaltplan für den HiPIMS/HF-Kombinationsprozess mit Magnetron, Generatoren und Messeinheiten. Gestrichelt sind die Komponenten umrahmt, um die der HiPIMS-Aufbau für den Superpositionsprozess erweitert wurde

Prozesskontrolle gemessen. Außerdem wurden Schichtabscheidungsexperimente durchgeführt, bei denen Kupferschichten auf Siliziumwafern abgeschieden wurden.

4.2 Kalibrierung der Strom- und Spannungsmessung in HiPIMS

Form und Höhe der Strom- und Spannungspulse sind essenzielle Parameter, um HiPIMS-Prozesse zu charakterisieren. Um diese Parameter sicher, ohne etwa offene Hochspannungen, zu messen, wird eine Messeinheit verwendet. Diese wurde ursprünglich für HiPIMS-Experimente an einer Hohlkathode konstruiert [105]. Die Spannung wird dort über eine Widerstandskette um den Faktor 100 reduziert. Der Strom wird über einen Stromwandler (LEM LA 25-P) gemessen, der eine Bandbreite von 200 kHz hat. Nachteilig an der Messeinheit ist, dass bei der Strom- und Spannungsmessung eine galvanische Trennung eingebaut ist, die nur eine Bandbreite von 120 kHz aufweist. Für die Messung der steilen Flanken und schnellen Änderungen in den HiPIMS-Prozessen ist dies nicht optimal. Außerdem war die Strommessung im ursprünglichen Aufbau [105] limitiert auf 14 A. Die Strommessung wurde daher modifiziert, um den Messbereich zu erhöhen.

Dies erfordert die Rekalibration der Strommessung. Dazu wurden parallel Messungen von Strom und Spannung über einen Shunt-Widerstand und die Messeinheit durchgeführt. So kann außerdem der Einfluss der geringen Bandbreite auf die Darstellung der steilen Strom- und Spannungspulse untersucht werden. Der Aufbau hierfür ist in Abb. 4.3 schematisch dargestellt. Da hierbei offene Hochspannungen vorliegen, ist dieser Aufbau nicht für den Dauerbetrieb geeignet. Der Shunt-Widerstand ($R = 0{,}11\,\Omega$, Drahtwiderstand) wurde in den Innenleiter des Koaxialkabels zum Magnetron eingebaut. Der Hochspannungstastkopf Tektronix P5100A wurde zur Spannungsmessung verwendet. Durch die Messung des Spannungsabfalls über dem Widerstand mit einem differentiellen Tastkopf (PICO TA043) wurde der Strom gemessen. Zusätzlich wurden Messungen mit einem Rogowski-Stromwandler (Chauvin Arnoux, MiniFLEX MA200) durchgeführt, der um das Kabel des negativen Ausgangs des HiPIMS-Generators angebracht wurde.

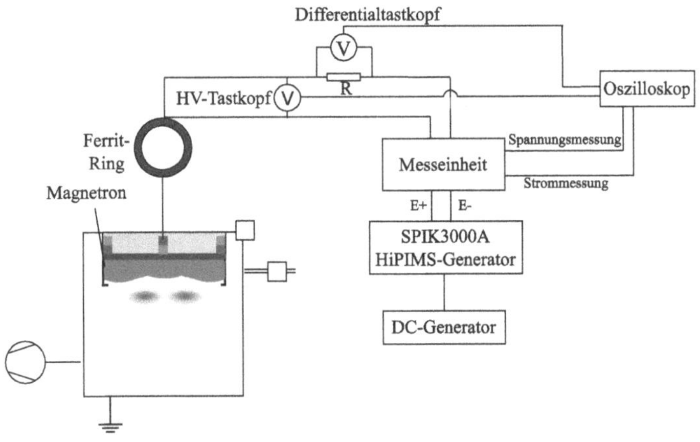

Abbildung 4.3 Schaltskizze für die Kalibrierung der Strom- und Spannungsmessung in HiPIMS mit einem Shunt-Widerstand

Für die Kalibrierung wurden das HiPIMS-Pulsmuster und die mittlere Leistung variiert. Mit dem digitalen Oszilloskop (PicoScope 5000) wurden, abhängig von der Pulsfrequenz, jeweils 66 bis 329 Einzelpulse aufgenommen, die in der Auswertung gemittelt wurden. Die Messdaten bei $t_{\mathrm{on}} = 50\,\mu\mathrm{s}$, $t_{\mathrm{off}} = 950\,\mu\mathrm{s}$ und mittlerer Leistung $P = 100\,\mathrm{W}$ sind in Abb. 4.4 exemplarisch dargestellt. An den Spannungs- und Stromflanken wird sichtbar, dass das Signal der Messbox aufgrund der Phasenverschiebung an den eingebauten Komponenten leicht retardiert ist gegenüber den anderen Messmethoden. Durch die Impedanzen im Pulsgenerator gibt es zu Pulsbeginn und -ende leichte Oszillationen in der Spannung. Aufgrund der geringen

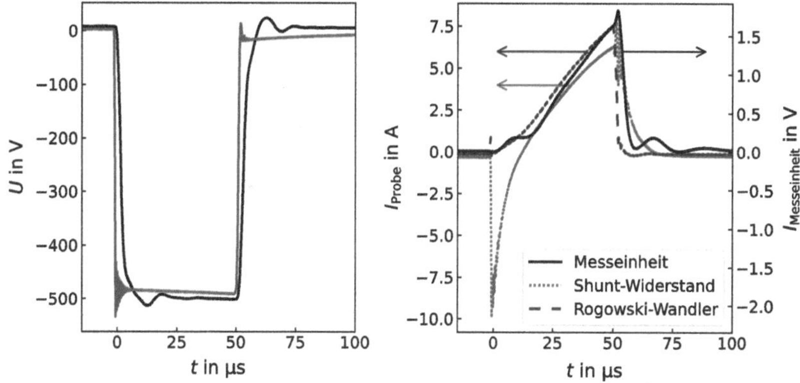

Abbildung 4.4 Spannungen U und Ströme I gemessen mit der zu kalibrierenden Messeinheit, über den Shunt-Widerstand und die Strommessung über den Rogowski-Wandler für HiPIMS mit $t_{\text{on}} = 50\,\mu\text{s}$, $t_{\text{off}} = 950\,\mu\text{s}$, $P = 100\,\text{W}$, $p = 5\,\text{Pa}$. Die Pulse wurden über 166 Einzelpulse gemittelt

Bandbreite sind diese im Signal der Messbox kaum aufgelöst, der rechteckige Spannungspuls ist auch insgesamt verbreitert. Die mittlere Spannung im Puls stimmt aber in guter Näherung bei beiden Messmethoden überein. Das Signal der Strommessung (Abb. 4.4 rechts) der Messeinheit ist deutlich kleiner als die Messergebnisse über den Shunt-Widerstand und den Rogowski-Wandler.

Einzig mit dem Shunt-Widerstand wurden zu Pulsbeginn negative Ströme gemessen, die durch die parasitäre Induktivität des Shunt-Widerstands entstehen. Der Einfluss Induktionsspannung $U_{\text{ind}} = -L \cdot \dot{I}$ mit Induktivität L und zeitlicher Stromänderung $\dot{I}$ ist gegen Pulsende gering, da dann der Stromanstieg weniger steil und der Spannungsabfall über dem Widerstand $U = R \cdot I$ durch den Stromfluss dominiert ist. Daher wurde für die Kalibrierung der Strommessung der HiPIMS-Peakstrom verwendet. Dieser wurde für 43 Datensätze händisch ausgewählt. So wurde sichergestellt, dass für die Auswertung der Peakstrom des Plasmas und nicht der Strom in Überschwingern nach Pulsende verwendet wird. Die entsprechenden Peakströme, die mit den Tastköpfen gemessen wurden, sind in Abb. 4.5 über dem Wert der Messeinheit aufgetragen. Die Fehlerbalken sind die Standardabweichung aus der Mittelung der Datensätze. Die Kalibrierkonstante wurde aus der Steigung der Regressionsgeraden $I_{\text{Probe}} = c \cdot I_{\text{Messeinheit}}$ zu $c = (4.03 \pm 0.05)\text{A/V}$ bestimmt.

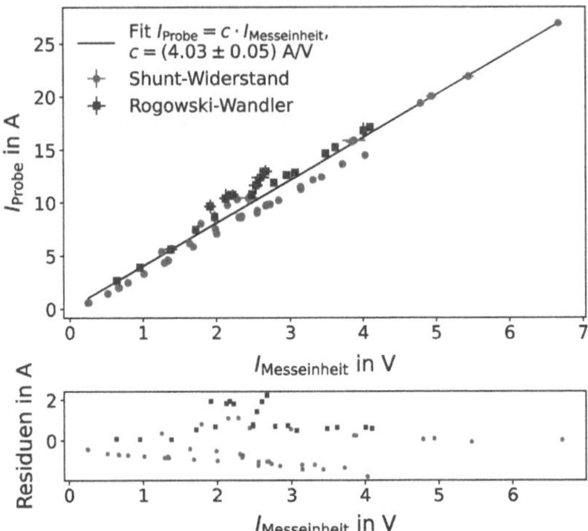

Abbildung 4.5 Kalibrierung der Strommessung in HiPIMS. Oben: gemessene Peak-Ströme über den Shunt-Widerstand und Rogowski-Wandler, aufgetragen über dem Peakstrom der Messeinheit mit Regressionsgeraden mit zugehörigem Residuenplot

Ergebnisse und Diskussion 5

5.1 Vergleich von HiPIMS und DC

In diesem Kapitel werden die Ergebnisse aus dem HiPIMS- und DC-Magnetronsputterplasma beschrieben und diskutiert. Zunächst erfolgt im nächsten Abschnitt die Untersuchung des integralen Energieeintrags, gemessen mit einer passiven Thermosonde, sowie der Abscheiderate. Der zweite Abschnitt (Abschnitt 5.1.2) hat die Ionenenergieverteilung der Prozesse zum Thema. Diese wurde mit einem Gegenfeldanalysator und energieselektiver Massenspektrometrie, in HiPIMS auch zeitaufgelöst, gemessen.

5.1.1 Integraler Energieeintrag und Abscheiderate

Für die simultane Messung des Energieeintrags und der Abscheiderate in den Magnetronsputterplasmen wurden Messungen mit einer passiven Thermosonde (PTP) und Quarz-Mikrowaage (QCM) durchgeführt. Diese wurden gegenüber vom Target im Substratraum mit 10 cm Abstand zur Targetoberfläche und 1 cm Abstand zur Targetmitte unter dem Racetrack eingebaut. Die Plasmen wurden bei konstanter mittlerer Leistung von 100 W und konstantem Druck von 5 Pa untersucht. Der integrale Energieeintrag in HiPIMS-Prozessen für variierte Pulsmuster ist in Abb. 5.1 dargestellt. Jeder Datenpunkt entspricht dem Mittelwert aus drei Einzelmessungen. Die Fehlerbalken zeigen sowohl den statistischen Fehler aus der Mit-

Ergänzende Information Die elektronische Version dieses Kapitels enthält Zusatzmaterial, auf das über folgenden Link zugegriffen werden kann https://doi.org/10.1007/978-3-658-50590-5_5.

C. Adam, *Diagnostik an HiPIMS-Magnetronsputterplasmen*, BestMasters,
https://doi.org/10.1007/978-3-658-50590-5_5

telung der Messungen als auch den systematischen Fehler aus der Kalibrierung der Sondenwärmekapazität. Es wurden drei Messreihen durchgeführt mit On-Zeiten $t_{\mathrm{on}} = 20, 50, 100\,\mu\mathrm{s}$ und variierter Off-Zeit des HiPIMS-Pulses. Für diese Messungen bei gepulstem Plasma ist keine klare Tendenz in Abhängigkeit von der On- oder Off-Zeit des Pulses erkennbar.

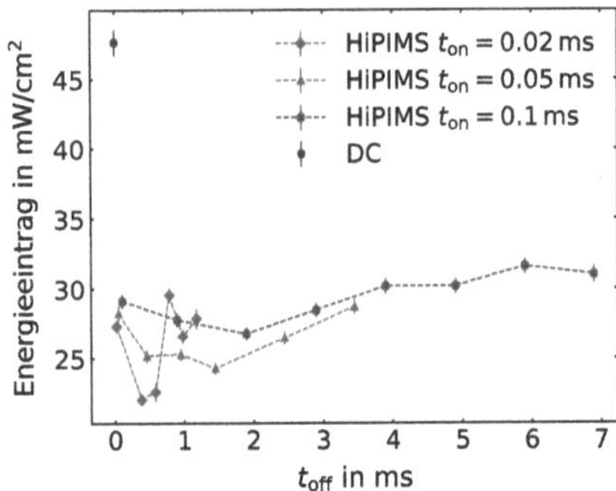

Abbildung 5.1 Integraler Energieeintrag in Abhängigkeit der Pulsparameter bei konstanter mittlerer Leistung 100 W und Druck 5 Pa. Die Messwerte sind durch die gestrichelten Linien als Lesehilfe verbunden. Die DC-Referenzmessung ist bei $t_{\mathrm{off}} = 0$ eingezeichnet

Deutlich zu sehen ist der beträchtliche Unterschied zwischen dem Energieeintrag in DC und HiPIMS. Die DC-Referenzmessung (abgebildet bei $t_{\mathrm{off}} = 0$) zeigt mit etwa $47\,\mathrm{mW/cm^2}$ fast den doppelten Energieeintrag der HiPIMS-Messungen. Diese Beobachtung wurde ebenfalls in der Literatur beschrieben [106–110] und auf die niedrigeren Abscheideraten in HiPIMS zurückgeführt. Ein höherer Energieeintrag in HiPIMS wurde für Prozesse berichtet, bei denen die Abscheiderate von HiPIMS nah am DC-Wert liegt. Der höhere Energieeintrag wurde mit energetischeren Teilchen in HiPIMS erklärt [109]. Die Absolutwerte des Energieeintrags hängen beispielsweise stark vom Abstand der Sonde zum Magnetron ab [106]. Daher ist vor allem der qualitative Zusammenhang zwischen dem Energieeintrag und den Entladungsbedingungen von Interesse, wenn Messwerte mit Daten aus der Literatur verglichen werden.

Für jede Messreihe wurde eine Messung mit $t_{\mathrm{off}} = t_{\mathrm{on}}$ durchgeführt, das sind typische Bedingungen bei gepulstem DC-Magnetronsputtern. Bei diesen Messungen ist der Energieeintrag ähnlich hoch wie bei den HiPIMS-Pulsen: etwa 60 % vom DC-Referenzwert. Literaturwerte für gepulstes DC-Magnetronsputtern zeigen ähnlich hohe Werte wie in DC [107, 111], was auch aufgrund der ähnlichen

Entladungsphysik von DC und gepulstem DC bei hohen Tastgraden zu erwarten wäre. Der Grund für den niedrigeren Energieeintrag bei hohen Tastgraden kann an dieser Stelle nicht final geklärt werden. Eine schlechtere Effizienz und Plasmastabilität kann aber nicht ausgeschlossen werden.

Die Abscheiderate, die parallel zu den PTP-Messungen mit der Quarz-Mikrowaage ermittelt wurde, ist in Abb. 5.2 aufgetragen. Wie in Abschnitt 3.2.1 beschrieben, misst der QCM eine Massenänderung. Unter der Annahme, dass die Dichte der Schicht mit der Bulkdichte übereinstimmt, wird die gemessene Massenabscheiderate in eine Dickenabscheiderate (Einheit nm/min) umgerechnet, da dies die übliche Einheit von Schichtwachstumsraten ist. Die in Abb. 5.2 aufgetragenen Werte sind direkt proportional zur Massenabscheiderate, können aber von der tatsächlichen Dickenabscheiderate durch Variation der Dichte der Schicht etwas abweichen. Der DC-Sputterprozess weist die höchste Rate auf (16 nm/min), bei HiPIMS mit kurzen Pulsen ($t_{on} = 20\,\mu s$) ist sie mit etwa 8 nm/min am kleinsten. Die Abscheideraten der Prozesse bei $t_{on} = t_{off}$ ($\approx$ 14 nm/min) sind nah am DC-Wert. Dies zeigt, dass Generatoreffizienz und Plasmastabilität auch bei diesen Parametern ausreichend sind, da die Schichtabscheidung mit den erwarteten Raten erfolgt. Daher kann dies nicht den niedrigeren Energieeintrag erklären, der für diese Prozesse gemessen wurde (dargestellt in Abb. 5.1).

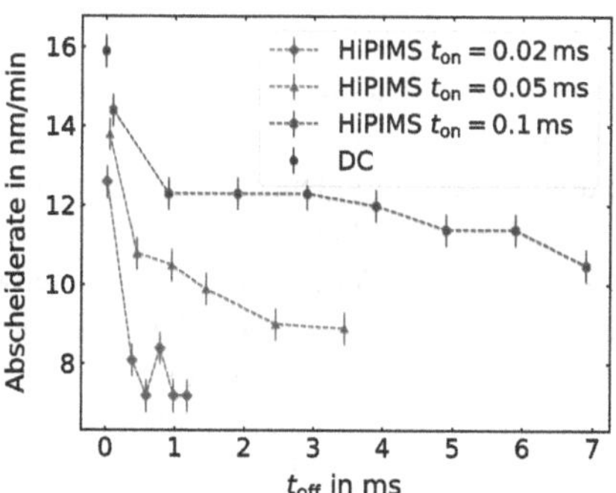

Abbildung 5.2 Abscheiderate in Abhängigkeit der Pulsparameter bei konstanter mittlerer Leistung 100 W und Druck 5 Pa. Die Messwerte sind durch die gestrichelten Linien als Lesehilfe verbunden. Die DC-Referenzmessung ist bei $t_{off} = 0$ eingezeichnet

Wie bereits in Abschnitt 2.3.2 erläutert wurde, tragen einige physikalische Phänomene zum Ratenverlust in HiPIMS bei: etwa die Rückanziehung von gesputterten ionisierten Metallatomen zum Target. Dieser Effekt tritt vor allem bei langen Pulsen $t_{\text{on}} > 50\,\mu\text{s}$ auf [112]. Die niedrigste Abscheiderate wurde hingegen in HiPIMS bei kurzen Pulsen und langen Off-Zeiten gemessen. Da die mittlere Leistung konstant gehalten wurde, sind dies die Prozesse mit der höchsten Peakleistung, also auch höchster Peakspannung. Die Reduktion der Abscheiderate könnte durch die Energieabhängigkeit der Sputterausbeute erklärt werden, die mit der Wurzel der Ionenenergie beziehungsweise der Entladungsspannung skaliert. Für das Sputtern von Kupfer wurde in der Literatur auf Basis dieses Effekts ein Ratenverlust von 43–76% abgeschätzt, abhängig vom Verhältnis der Ar^+- und Cu^+-Ionen, die am Sputterprozess beteiligt sind [49, 69, 70]. Ein weiterer Grund für die reduzierte Abscheiderate in HiPIMS könnte das Gasverdünnungsphänomen sein, also der Effekt, dass die Argon-Dichte vor dem Target während des HiPIMS-Pulses reduziert wird. Das würde bedeuten, dass weniger Atome für den Sputterprozess zur Verfügung stehen. Auch wenn dieser Effekt bei längeren Pulsen ausgeprägter ist, wurde mit optischer Emissionsspektroskopie an diesem Aufbau eine deutlich reduzierte Lichtemission von Argon-Atomen gemessen, was das Auftreten der Gasverdünnung bestätigt (siehe Abb. 5.8).

Durch Normierung des Energieeintrags J_{in} auf die Dickenabscheiderate r lässt sich die eingetragene Energie pro schichtbildendes Teilchen errechnen über

$$E_{\text{pro Teilchen}} = \frac{J_{\text{in}}}{r} \cdot \frac{m_{\text{Cu}}}{\rho}. \tag{5.1}$$

Hierbei bezeichnen $m_{\text{Cu}} = 63.546\,\text{u}$ die mittlere Masse eines Kupfer-Atoms und $\rho = 8.93\,\text{g/cm}^3$ die Bulkdichte von Kupfer. Bei dieser Größe handelt es sich um die mittlere Energie, die pro schichtbildendes Teilchen in die wachsende Schicht eingebracht wird. Die Ergebnisse sind in Abb. 5.3 dargestellt. Diese Energie steigt für kürzere Pulse und längere Off-Zeiten und übertrifft teilweise auch den DC-Referenzwert ($133 \pm 4\,\text{eV/Teilchen}$). Vergleichbare Ergebnisse wurden auch in der Literatur referiert [107, 110, 113] und durch die höhere kinetische Energie der Teilchen in HiPIMS bei hohen Peakleistungen erklärt. Bei steigendem Peakstrom nimmt außerdem der Ionisationsgrad des Flusses an Kupfer-Atomen zum Substrat zu [39]. Diese Ionen erhalten etwa durch die Beschleunigung in der Randschicht zum Substrat zusätzliche Energie, auch bei deren Rekombination wird Energie frei. Bei höherer Peakleistung haben außerdem reflektierte Neutrale eine höhere Energie aufgrund der gleichzeitig höheren Peakspannung. Das sind beispielsweise Argon-Ionen, die zu hohen Energien auf das Target beschleunigt, dort neutralisiert und reflektiert wurden und mit diesem hohen Impuls das Substrat bombardieren und dort zum Energieeintrag beitragen [38].

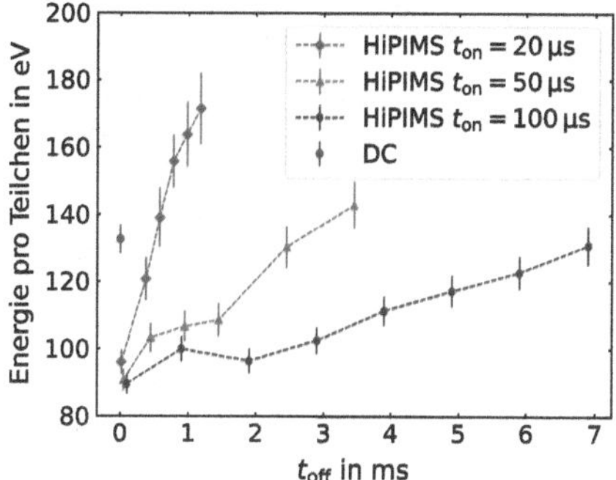

Abbildung 5.3 Energie pro schichtbildendes Teilchen in Abhängigkeit der Pulsparameter bei konstanter mittlerer Leistung 100 W und Druck 5 Pa (DC-Referenzmessung bei $t_{off} = 0$ eingezeichnet)

5.1.2 Ionenenergieverteilung

Der zuvor diskutierte Energieeintrag pro schichtbildendes Teilchen liefert bereits einen Hinweis auf eine höhere Ionenenergie in HiPIMS. Zur Verifizierung und genaueren Untersuchung der Ionenenergie wurde die Ionenenergieverteilung direkt mit einem Gegenfeldanalysator und einem energieselektiven Massenspektrometer gemessen, um so die Diagnostiken auch miteinander vergleichen zu können.

Die Ionenenergieverteilungen (engl. *ion energy distribution*, IED), die mit dem Gegenfeldanalysator (GFA) bei Drücken zwischen 1.0 und 12.9 Pa in HiPIMS und DC gemessen wurden, sind in Abb. 5.4a dargestellt. Der GFA wurde dabei mit 7.5 cm Abstand unter der Targetmitte im Substratraum eingebaut. Die Messungen wurden bei 250 W mittlerer Leistung durchgeführt, da diese Leistungen für die Nutzung des GFA-Kollektors als Thermosonde notwendig wären (nicht gezeigt in dieser Arbeit), um trotz geringer Gittertransmission eine Temperaturänderung detektieren zu können [114, 115]. Alle Kurven weisen einen breiten Peak bei niedrigen Energien (Maximum bei etwa 1 eV) auf. Insbesondere für die Messungen bei niedrigem Druck wurde ein zusätzlicher Hochenergieschwanz mit Maximum etwa bei 7 eV und abnehmender Intensität zu höheren Energien gemessen. Die Intensität in diesem Hochenergieschwanz nimmt bei steigendem Druck ab. Am Niveau des Signal-zu-Rausch-Verhältnisses ist ersichtlich, dass die detektierte Intensität bei Drücken über 1.9 Pa oder in DC bei Energien über 10 eV nah an der Auflösungsgrenze des Gegenfeldanalysators ist.

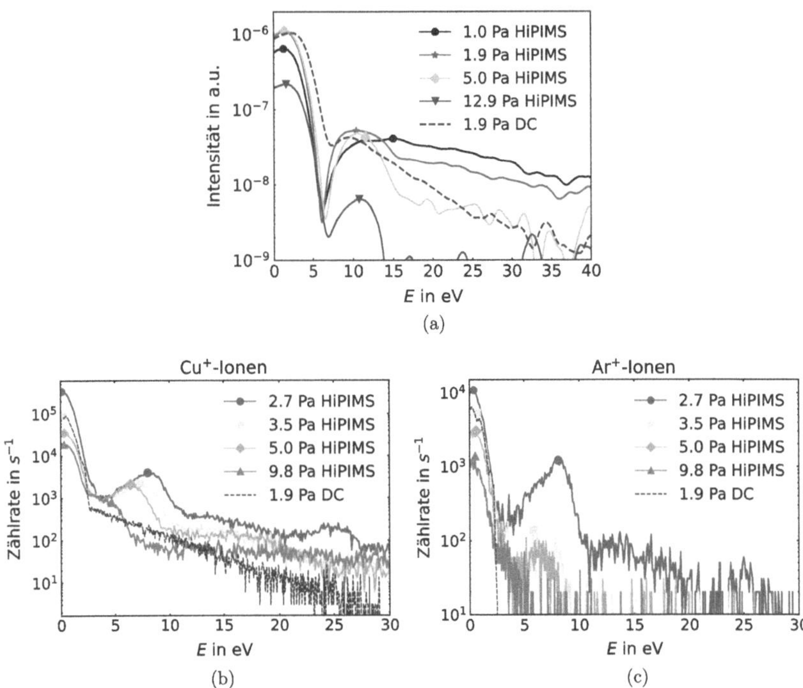

Abbildung 5.4 Zeitgemittelte Ionenenergieverteilungen in HiPIMS (t_{on} = 50 µs, t_{off} = 1450 µs, variierte Drücke) und DC (1.9 Pa), gemessen mit dem GFA bei 250 W mittlerer Leistung (a) sowie mit ESMS für Cu^{+}- (b) und Ar^{+}-Ionen (c) bei 100 W mittlerer Leistung

Der Peak bei niedrigen Energien stammt von thermalisierten Ionen, die sich durch Stöße im thermischen Gleichgewicht mit dem Hintergrundgas befinden [13]. Bei höheren Drücken ist die mittlere freie Weglänge kleiner: So verlieren hochenergetische Ionen durch Stöße schneller ihre Energie. Dies führt zu einer niedrigeren Ionenenergie bei steigenden Drücken.

Der GFA erlaubt zwar keine Massenselektion, aus der Theorie (vgl. Abschnitt 2.2.1, 2.3.2) lässt sich allerdings vermuten, dass der Hochenergieschwanz der Verteilung vorwiegend von Cu^{+}-Ionen stammt, die Energie aus der Kollisionskaskade im Target mitbringen. Um die Ionenenergieverteilung der Kupfer- und Argon-Ionen separat betrachten zu können, wurden Messungen mit energieselektiver Massenspektrometrie durchgeführt. Die Ergebnisse sind in Abb. 5.4b und 5.4c dargestellt. Das verwendete Massenspektrometer Hiden PSM003 wurde dafür ebenfalls im Substratraum zentral unter dem Target installiert. Aufgrund des vorhandenen Flansches war hier der Abstand zwischen Targetoberfläche und Eintrittsblende des ESMS größer (20 cm).

In den Verteilungen beider Ionenspezies erkennt man auch den Peak der thermalisierten Ionen. Bei Cu^+ wurde dieser mit Zählraten bis zu $3 \cdot 10^5$/s gemessen, für Ar^+ liegen die Zählraten zwischen 10^3 und 10^4/s. Die Messungen der Kupfer-Ionen wurden unter Verwendung des Isotops mit einer Masse von 65 u durchgeführt, das eine Isotopenhäufigkeit von etwa 31 % aufweist [116]. Für Argon wurde das deutlich seltenere Isotop mit Masse 36 u verwendet (0.3 % Häufigkeit [116]). Das seltene Isotop wurde gewählt, um die Zählraten der Argon-Ionen auf unter 10^7/s zu reduzieren, sodass sie mit dem Detektor (SEM) des Massenspektrometers gemessen werden können. Gewichtet man die gemessenen Zählraten mit der Häufigkeit der Isotope, so wäre für alle Isotope zusammen die Zählrate thermalisierter Ar^+-Ionen (bis zu $3 \cdot 10^6$/s) größer als für Cu^+ (bis zu $1.5 \cdot 10^5$/s). Diese Ergebnisse deuten darauf hin, dass im Peak der thermalisierten Ionen in den Messdaten des GFA (Abb. 5.4a), der über keine Massentrennung verfügt, vor allem Argon-Ionen gemessen werden.

Die Massenfilterung, höhere Energieauflösung und Sensitivität des energieselektiven Massenspektrometers erlaubt auch eine genauere Analyse der Ionen im Hochenergieschwanz der IED als mit dem GFA. Der monotone Abfall der Ionenenergie der Cu^+-Ionen stimmt dabei mit der Sigmund-Thompson-Verteilung, also der Energie aus der Kollisionskaskade im Target, überein [13, 34]. Durch den Effekt der Gasverdünnung stoßen die gesputterten und ionisierten Kupfer-Ionen in HiPIMS weniger in der Ionisationsregion vor dem Target und behalten so eher die Energie [13, 117, 118]. In HiPIMS sieht man dadurch auch noch den Peak der Thompson-Verteilung bei Ionenenergien von 5 – 7 eV. Eigentlich liegt das Maximum der Verteilung bei der Hälfte der Oberflächenbindungsenergie $E_{SB}/2$. Für Kupfer beträgt die Oberflächenbindungsenergie $E_{SB} = 3.49\,\text{eV}$ [28]. Das Maximum wird dann durch die Beschleunigung der Ionen in der Randschicht zum Substrat zu höheren Energien verschoben. Bei höherem Druck verlieren die Teilchen ihre kinetische Energie in Stößen, wodurch das Maximum wiederum zu niedrigeren Energien verschoben wird.

Besonders bei niedrigstem Druck (2.7 Pa) sieht man in der Ionenenergieverteilung der Cu^+-Ionen in HiPIMS Abweichungen vom monotonen Abfall der Thompsonverteilung hin zu hohen Energien. Ein deutlicher dritter Peak ist etwa bei 25 eV erkennbar, welcher der zusätzlichen Beschleunigung in den Potentialhügeln der lokalisierten Ionisationszonen (Spokes) zugeschrieben werden kann [48, 64, 119]. In einem Spoke ist das Plasmapotential durch eine größere Plasmadichte lokal erhöht. Wird ein gesputtertes Kupferteilchen im Spoke ionisiert, so kann es durch den Potentialfall zwischen dem höheren Plasmapotential im Spoke und dem Potential des Bulk-Plasmas in Richtung Substrat beschleunigt werden [48, 63]. Ist die kinetische Energie zu gering, kann es auch wieder zum Target zurück angezogen werden. Um zu zeigen, dass der gemessene Peak in der Ionenenergieverteilung aus der Beschleunigung in einem zusätzlichen elektrischen Feld stammt, könnte die Ionenenergieverteilung zweifach geladener Cu^{2+}-Ionen gemessen werden, in der dieser Peak dann bei etwa doppelter Energie auftreten sollte [119].

Die Energie der Cu^{+}-Ionen kann durch Stöße an die Argon-Ionen übertragen werden. Daher sieht man in Abb. 5.4c für HiPIMS bei niedrigen Drücken ebenfalls einen Hochenergiepeak, der auch bei gleicher Energie ($\approx 7\,\text{eV}$) wie bei Cu^{+} liegt. Neben dem Energieübertrag von gesputterten Teilchen können, wie in der Theorie in Abschnitt 2.3.2 erläutert, energetische Argon-Ionen auch durch reflektierte Neutrale vom Target entstehen. Die das Target bombardierenden Ionen werden dabei dort neutralisiert und in die Kammer zurückreflektiert. Dieser Effekt kann signifikanten Einfluss auf den Energieeintrag auf eine Substratoberfläche [38] beziehungsweise auf die Schichteigenschaften, etwa durch höhere Schichteigenspannungen [120], haben. Wird ein reflektiertes Neutralteilchen im Plasma ionisiert, kann es als energetisches Ion zur Ionenenergieverteilung im Substratraum beitragen. Abhängig von der Spannung am Target kann die Energie reflektierter Neutralteilchen selbst am Substrat einige hundert Elektronenvolt betragen [121]. Die Energie der reflektierten Neutralteilchen ist in HiPIMS höher, denn es werden die Ionen dort mit höheren (Peak-)Spannungen auf das Target beschleunigt als im DC-Fall. Dieses Phänomen betrifft vor allem Ar^{+}-Ionen, da diese Spezie zumindest in der ersten Phase des HiPIMS-Pulses den Ionenfluss auf das Target dominiert. Außerdem wäre der Reflexionskoeffizient (Energie nach der Reflexion normiert auf die initiale Ionenenergie) beim Self-Sputtering, also beim Sputtern eines Kupfertargets mit Cu^{+}-Ionen, minimal [38].

Die Zahl der Stöße hängt neben dem Druck (der mittleren freien Weglänge) auch von der zurückgelegten Strecke d, also insgesamt vom Produkt aus Druck und Abstand pd, ab. Im verwendeten Aufbau konnten keine HiPIMS-Plasmen unter 1 Pa gezündet werden – für zukünftige Messungen der Ionenenergieverteilung ließe sich der Abstand zwischen Target und Massenspektrometer weiter reduzieren. Durch Variation des Abstands statt des Drucks würde außerdem der veränderte Strom, der bei einem anderen Druck entsteht, ohne Einfluss auf die Messungen bleiben.

5.1.2.1 Zeitaufgelöste Massenspektrometrie in HiPIMS

Für die Untersuchung der Dynamik des HiPIMS-Plasmas wurden zeitaufgelöste Messungen mit dem Massenspektrometer und dem Multi-Channel-Scaler (MCS, siehe Abschnitt 3.1.3.1) durchgeführt. Diese sind insbesondere für das

Verständnis der Dynamik im HiPIMS/HF-Superpositionsprozess relevant (siehe Abschnitt 5.2.4.1). Bei diesen Messungen werden für eine festgelegte Masse und Energie die Detektionszeiten der Ionen im Massenspektrometer in Relation zu einem Trigger-Signal (Beginn des HiPIMS-Pulses) ermittelt. Dies wurde für Cu^{+}-Ionen bei Energien zwischen 2 und 80 eV in HiPIMS $t_{on} = 50\,\mu s$, $t_{off} = 1450\,\mu s$, 100 W, 5 Pa) gemessen. Die Zeitreihen sind in Abb. 5.5 oben dargestellt. Sie wurden zur besseren Les- und Vergleichbarkeit auf die jeweils maximale Zählrate normiert. Als Referenz sind der zugehörige Strom- und Spannungspuls unten in der Grafik eingezeichnet. Theoretisch können mit dem MCS Zeitauflösungen bis zu 10 ns erreicht werden. Um die gesamte Puls-Periode aufnehmen zu können, wurde aufgrund der begrenzten Bin-Anzahl die Bin-Breite auf 90 ns erhöht. In der Auswertung wurden jeweils 10 Bins zusammengelegt (Zeitauflösung dann 0.9 µs), um das Signal-Rausch-Verhältnis zu verbessern. Da die Zählraten während eines Einzelpulses nicht hoch genug sind, wurde das Signal für einige Minuten auf der Zählkarte akkumuliert und anschließend auf die Messzeit normiert.

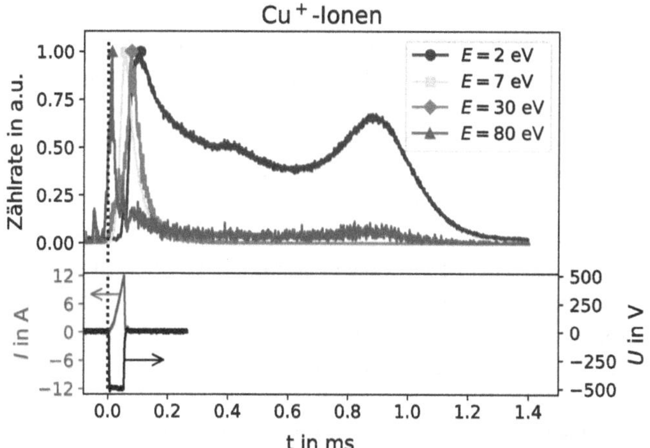

Abbildung 5.5 Zeitaufgelöste Massenspektrometrie in HiPIMS ($t_{on} = 50\,\mu s$, $t_{off} = 1450\,\mu s$, 100 W, 5 Pa) für Kupfer-Ionen bei verschiedenen Energien und zugehöriger Strom- und Spannungspuls (unten)

Die Zeitreihen wurden für die Flugzeit im Massenspektrometer korrigiert, wie in Anhang B im elektronischen Zusatzmaterial beschrieben. Diese Korrektur wurde energieabhängig durchgeführt: Für die Kupfer-Ionen mit 2 eV Energie wurden 73.0 µs Flugzeit errechnet, bei 80 eV sind es 77.6 µs. Durch die energieabhängige

Flugzeitkorrektur haben sich die relativen Positionen der Maxima in den Zeitreihen (Maximum von 80 eV zuerst detektiert, dann 7 eV, 30 eV und zuletzt 2 eV) nicht verändert. Die Ionen mit 7 eV und 30 eV Energie kommen gegen Ende und nach dem HiPIMS-Puls in einem etwa 100 µs langen Puls an. Dies sind typische Energien aus der Thompson-Verteilung, also Energien von gesputterten und ionisierten Kupfer-Atomen, die ballistisch zum Substrat transportiert wurden [13]. Zu den Ionenenergien von 30 eV könnten, wie oben diskutiert, auch Spokes zur Beschleunigung beitragen. Die zeitaufgelösten Messungen wurden bei 5 Pa Gasdruck durchgeführt. Dort wurde aber, anders als bei 2.7 Pa, bei diesen Energien kein weiteres Maximum in der IED gemessen (vgl. Abb. 5.10b). Für die Untersuchung der möglichen Spoke-Dynamik bei diesen Energien müssten die zeitaufgelösten Messungen unter niedrigerem Druck wiederholt werden. In den Messungen tritt das Maximum der Ionen mit 7 eV früher auf als bei 30 eV, obwohl die niederenergetischen Ionen aufgrund der tendenziell längeren Flugzeit in der Kammer später detektiert werden sollten. In künftigen Messungen sollte dies weiter untersucht werden.

Auffällig ist in Abb. 5.5, dass die Ionen mit thermischer Energie (hier bei 2 eV gemessen) nicht nur direkt nach dem HiPIMS-Puls, sondern nahezu über die ganze Periode gemessen werden. Etwa 0.9 ms nach dem HiPIMS-Puls weist die Zeitreihe ein weiteres Maximum auf. Ähnliche Ergebnisse werden auch in der Literatur berichtet [13, 122] und durch die Diffusion des Bulk-Plasmas weg vom Target erklärt. Die Kupfer-Ionen sind durch Stöße mit dem Hintergrundgas im thermodynamischen Gleichgewicht und haben daher niedrige Energie. Für den Beschichtungsprozess bedeuten die Beobachtungen, dass die wachsende Schicht konstant mit Metall-Ionen bombardiert wird. So kann etwa der Einbau von Kontaminationen in der Off-Zeit des HiPIMS-Pulses oder der Aufbau von Schichteigenspannungen verhindert werden [13, 122, 123].

In den vorhergehenden Beschreibungen wurde die Ionenenergieverteilung bis maximal 40 eV Ionenenergie gezeigt und diskutiert. Der verwendete Aufbau erlaubt die Messung von bis zu 100 eV Ionenenergie. In Abb. 5.5 ist ebenfalls die Zeitreihe für hochenergetische Ionen mit 80 eV Energie zu sehen. Diese werden 50 µs lang zu Beginn des HiPIMS-Pulses gemessen. Der Ursprung dieser Ionen wird im folgenden Abschnitt thematisiert.

5.1.2.2 Hochenergie-Ionen in HiPIMS

Die Messergebnisse der IED von Cu^{+}-Ionen in HiPIMS bis 100 eV sind in Abb. 5.6 visualisiert. Neben dem bereits diskutierten Verlauf bei niedrigeren Energien sieht man dort einen Anstieg der Zählrate hin zu 100 eV, der im DC-Plasma sowie für Ar^{+}-Ionen nicht gemessen werden konnte. Wie bereits erläutert, sollten die Ionenenergien aus der Kollisionskaskade hin zu hohen Energien monoton fallend verlaufen. Für die Erzeugung der hohen Ionenenergien bis 100 eV muss also ein anderer Entstehungsmechanismus verantwortlich sein. Breilmann et al. [64] haben beim HiPIMS-Sputtern von Chrom einen ähnlichen Hochenergiepeak von Cr^+ bei etwa 80 eV berichtet. Das Auftreten dieser hochenergetischen Ionen wurde dabei nur bei vorhandenen Spokes (lokalisierten Ionisationszonen) im Magnetronplasma und auch nicht während des gesamten HiPIMS-Pulses gemessen. Aufgrund der Korrelation mit Spokes wurde die hohe Ionenenergie der Beschleunigung durch die Potentialhügel in Spokes zugeschrieben. Um den Beitrag der Beschleunigung in Spokes zu den Ionenenergien zu überprüfen, müsste das Plasmapotential möglichst nah am Target zeitaufgelöst gemessen werden. Dies wäre etwa mit einer Langmuirsonde [82] oder einer gepulsten emissiven Sonde [124, 125] möglich. Beispielsweise wurde in der Literatur für Spokes in einem DC-Magnetron bei 5 mm Abstand zur Targetoberfläche bis zu 80 eV Plasmapotential gemessen [62].

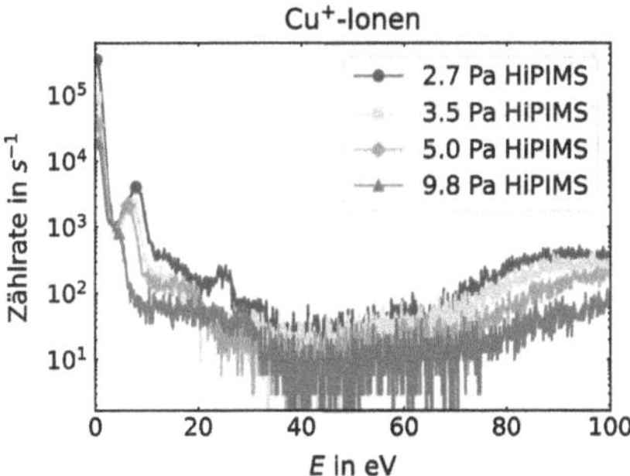

Abbildung 5.6 Ionenenergieverteilungen mit Energien bis 100 eV, gemessen mit ESMS in HiPIMS ($t_{on} = 50\,\mu s$, $t_{off} = 1450\,\mu s$, 100 W) bei variierten Drücken

Zusätzlich können Oszillationen das Plasmapotential kurzzeitig anheben und so zu einer Beschleunigung der Ionen führen. Rauch et al. [125] haben in HiPIMS Oszillationen des Plasmapotentials mit Periodendauern von 5 bis 10 µs und Amplituden bis zu 30 V gemessen. Diese Oszillationen würden ebenfalls erklären, dass in den Messungen von Breilmann et al. [64] die hohen Ionenenergien nicht während des gesamten HiPIMS-Pulses gemessen wurden. In den zeitaufgelösten Messungen der vorliegenden Arbeit (Abb. 5.5) wurden die hochenergetischen Ionen mit 80 eV Energie während des HiPIMS-Pulses in einem etwa 50 µs langen Puls gemessen. Sollten die gemessenen hohen Ionenenergien in Abb. 5.6 von Oszillationen des Plasmapotentials stammen, würden diese Oszillationen in der zeitaufgelösten Massenspektrometrie ebenfalls sichtbar werden.

Da mit dem Gegenfeldanalysator in den untersuchten Magnetronplasmen bereits bei Energien ab 10 eV die Auflösungsgrenze (geringes Signal-zu-Rausch-Verhältnis) erreicht wird, können die hohen Ionenenergien mit dieser Methode nicht verifiziert werden. Bekanntermaßen sind die mit energieselektiver Massenspektrometrie gemessenen Ionenenergieverteilungen sensitiv für die zur Messung verwendeten Einstellungen, etwa die Spannungen an den Ionenoptiken [88]. Dabei werden aber tendenziell Ionen höherer Energie fälschlich bei niedriger Energie gemessen. Der Bessel-Box Energieanalysator filtert Ionen niedriger Energie durch eine Potentialbarriere – aufgrund der Energieerhaltung können keine Ionen niedrigerer Energie bei höheren Energiebarrieren transmittiert werden. Der Ursprung der hochenergetischen Ionen kann an dieser Stelle nicht abschließend geklärt werden.

5.2 HiPIMS/HF-Superpositionsprozess

In diesem Kapitel werden die Ergebnisse aus dem Superpositionsprozess von HiPIMS mit HF dargestellt und diskutiert. Beide Signale wurden dabei auf dasselbe Magnetron eingekoppelt (Aufbau siehe Abb. 4.2). Zur Charakterisierung des Superpositionsplasmas erfolgten elektrische Messungen, optische Emissionsspektroskopie sowie Messungen des Energieeintrags und der Abscheiderate. Zentral ist die Ionenenergieverteilung (Abschnitt 5.2.4), die durch energieselektive Massenspektrometrie bestimmt wurde und beträchtlichen Einfluss auf die Schichteigenschaften hat. In Abschnitt 5.2.5 wird die Morphologie abgeschiedener Schichten anhand von Elektronenmikroskopie-Aufnahmen untersucht.

5.2.1 Elektrische Messungen

In Abb. 5.7 sind das kombinierte HiPIMS/HF-Spannungssignal sowie der HiPIMS-Strom für Drücke zwischen 1.0 und 5.0 Pa dargestellt. In Grafik a) und b) sind die Daten im reinen HiPIMS-Prozess (100 W, $t_{\mathrm{on}} = 50\,\mu\mathrm{s}$, $t_{\mathrm{off}} = 2450\,\mu\mathrm{s}$), in c) und d) mit zusätzlich 50 W HF im Superpositionsprozess zu sehen.

Bereits im reinen HiPIMS-Prozess sieht man insbesondere zu Pulsbeginn deutliche Oszillationen. Diese werden durch die Impedanzen im Filter hervorgerufen und wurden ohne den eingebauten Filter nicht gemessen (vgl. Abb. 4.4). An den Strompulsen ist erkennbar, dass bei 1.8 und 8.0 Pa das HiPIMS-Plasma zündet. Die Plasmen wurden leistungsgeregelt betrieben: Daher ist die Spannung im Puls entsprechend geringer als die maximal mögliche Generatorspannung von 1000 V. Bei 1.0 Pa zündet hingegen kein HiPIMS-Plasma, es gibt keinen Stromfluss. Bei diesem

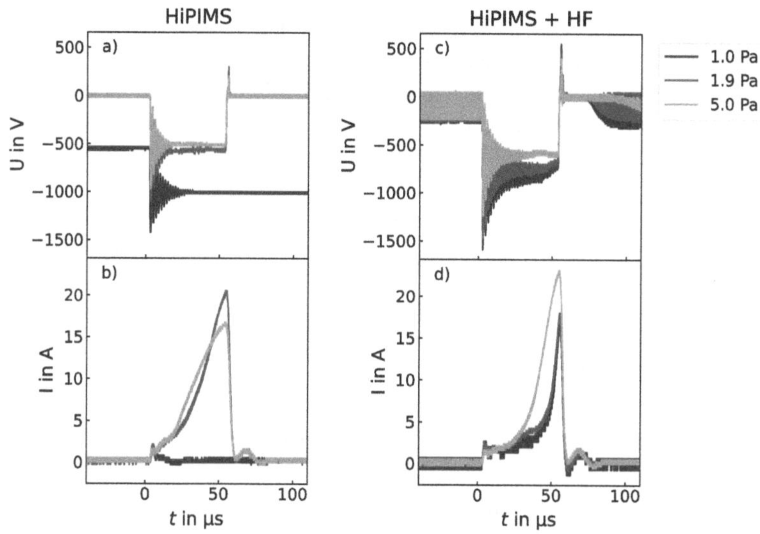

Abbildung 5.7 Kombiniertes Spannungssignal U von HiPIMS ($t_{on} = 50\,\mu s$, $t_{off} = 2450\,\mu s$) und HF, HiPIMS-Strom I bei variierten Drücken. a–b) 100 W HiPIMS, c–d) 100 W HiPIMS, 50 W HF

niedrigen Druck wäre vermutlich eine höhere Zündspannung nötig (vgl. Paschen-Gesetz, Abschnitt 2.1.4). Im HiPIMS/HF-Prozess, in dem die HiPIMS-Pulse in der On- und Off-Zeit kontinuierlich mit 50 W HF überlagert sind, lässt sich auch bei diesem niedrigen Druck ein Plasma zünden. Grund hierfür ist, dass das HF-Plasma eine Vorionisation für die HiPIMS-Pulse liefert. So wird eine geringere Spannung nötig, um diese Ladungsträger zu vervielfachen. Dieser Effekt wurde bereits für die Superposition von HiPIMS mit DC gezeigt [42]. Ähnliche Ergebnisse wie in der vorliegenden Arbeit wurden für die Superposition von HiPIMS mit HF von Müller et al. als Pre-Print veröffentlicht [126]. Vorteilhaft an der Möglichkeit zur Druckreduktion ist, dass bei niedrigerem Druck tendenziell dichtere Schichten abgeschieden werden können [9]. Das liegt daran, dass die gesputterten Teilchen auf dem Weg zum Substrat bei niedrigem Druck seltener stoßen und ihre Energie dabei an das Prozessgas abgeben.

In der Off-Zeit des HiPIMS-Pulses brennt im Superpositionsprozess weiterhin das HF-Plasma. Im Spannungssignal sieht man daher die schnelle Oszillation der Hochfrequenzanregung, wobei die einzelnen Oszillationen in dieser Darstellung nicht erkennbar sind. Die HF-Spannung hat, wie in der Theorie in Abschnitt 2.3.3

erläutert, einen negativen Gleichrichtwert, genannt DC-Bias. Dieser nimmt in den durchgeführten Experimenten Werte von etwa −100 V an. Nach dem HiPIMS-Puls baut sich der DC-Bias wieder auf. Wie in Abb. 5.7 zu sehen, ist die dafür benötigte Zeit druckabhängig. Bei hohem Druck und hohem HiPIMS-Peakstrom dauert der Aufbau des DC-Bias länger. Müller et al. vermuten, dass dieser Zeitversatz zum Aufbau des DC-Bias von der Plasmadichte abhängt. Weiteren Einfluss auf die zeitliche Entwicklung der Potentiale und Randschichten beim Wechsel vom HiPIMS- zum HF-Plasma könnte etwa die Höhe des positiven Überschwingers nach dem HiPIMS-Puls haben. In dieser Zeit werden positiv geladene Ionen abgestoßen und Elektronen zum Target angezogen. Insgesamt sollte der Zeitversatz beim Aufbau des HF-Plasmas jedoch keinen signifikanten Einfluss auf den Sputterprozess haben.

5.2.2 Optische Emissionsspektroskopie

Um Informationen über den Einfluss auf die Plasmazusammensetzung im HiPIMS/HF-Superpositionsprozess zu erhalten, wurden Experimente mit optischer Emissionsspektroskopie (OES) durchgeführt. Dazu wurde das Spektrometer HR2000+CG-UV-NIR von Ocean Insight genutzt (siehe Abschnitt 3.1.4). Die Eingangslinse wurde im Substratraum mit 15 cm Abstand zur Targetoberfläche montiert. In Abb. 5.8 sind exemplarisch die Spektren im reinen HF- und HiPIMS-Plasma (t_{on} = 50 µs, t_{off} = 2450 µs) bei 5 Pa und 150 W gezeigt. Dazu wurden für etwa 1 min Spektren mit 1 ms Integrationszeit aufgenommen und in der Auswertung gemittelt. Außerdem wurde der Dunkelstrom, also die Intensität, die ohne eingeschaltetes Plasma detektiert wurde, von den Spektren subtrahiert. Vertikal sind die zugehörigen Literaturwerte für Emissionslinien eingetragen, die der NIST Atomic Spectra Database [127] entnommen wurden. Die entsprechenden Zahlenwerte (Spezie, Wellenlänge und Energielevel) sind in Tabelle in Anhang C im elektronischen Zusatzmaterial angegeben. Die gemessenen Linien können Übergängen in angeregten Ar^0-, Cu^0- und Cu^+-Atomen zugeordnet werden.

Mögliche Emissionslinien aus Ar^+-Ionen liegen auf dem Niveau des Untergrundrauschens. Dabei erweisen sich die Literaturwerte durch einen Offset im Spektrometer um etwa 0.5 nm höher als die gemessenen Linien. Die Emissionsspektren des HiPIMS- und HF-Plasmas differieren deutlich voneinander. Beim HF-Sputtern sind Argon-Linien dominierend, diese liegen zwischen 696.5 und 912.3 nm. Zwar wurde die Argon-Emission im HiPIMS-Plasma auch gemessen, allerdings mit wesentlich geringerer Intensität. Bei HiPIMS stammen die Linien mit höchster relativer Intensität von angeregten Kupfer-Atomen und liegen im Wellenlängenbereich von 324.8 bis 578.2 nm. Die Cu^0-Linien konnten mit geringerer Intensität

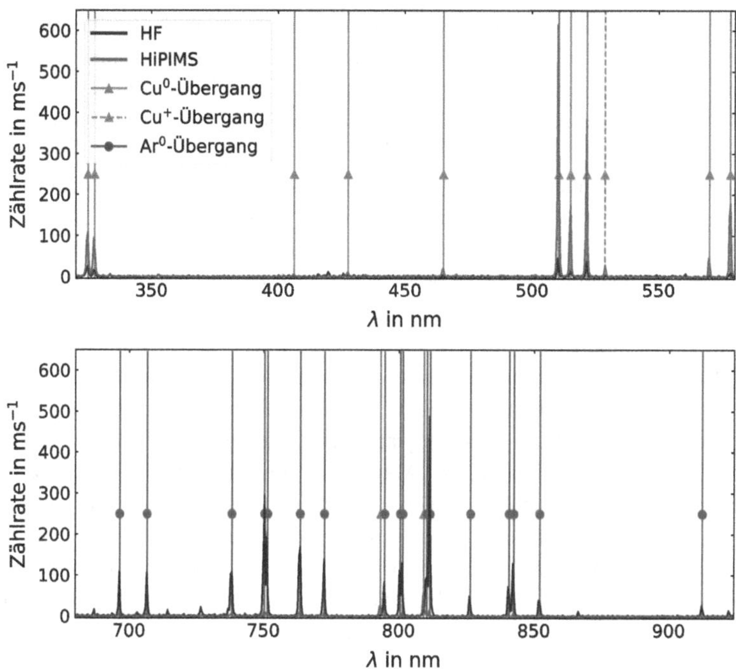

Abbildung 5.8 Optische Emissionsspektren von HiPIMS- ($t_{on} = 50\,\mu s$, $t_{off} = 2450\,\mu s$) und HF-Plasma, in beiden Fällen bei 5 Pa und 150 W mittlerer Leistung. Vertikal sind die Literaturwerte aus Tabelle C.1 im elektronischen Zusatzmaterial eingezeichnet

auch für das HF-Plasma gemessen werden. Beim HiPIMS-Sputtern wurde der Linie bei 528.92 nm ein Cu^+-Übergang zugeordnet, der im HF-Plasma auf dem Niveau des Untergrundrauschens liegt.

Da die energieabhängigen Wirkungsquerschnitte von Elektronenstoßanregung und -ionisation vergleichbar sind [28], lassen sich aus der Detektion von angeregten Atomen Rückschlüsse auf die Existenz von Ionen derselben Spezies ziehen. Im HF-Plasma wird nahezu ausschließlich die Emission aus angeregten Argon-Atomen gemessen. Die Plasmadichte ist also nicht hoch genug, um gesputterte Kupfer-Atome beim Durchqueren der Ionisationsregion durch Elektronenstoß anregen oder ionisieren zu können. Daher werden die Beschichtungen beim HF-Plasma durch Neutralteilchen gebildet. In HiPIMS hingegen ist die Plasmadichte während des Pulses höher als im HF-Plasma – die Kupfer-Atome können dort angeregt und ionisiert werden. Die Existenz von Cu^+-Ionen wird außerdem durch die

Detektion einer Emissionslinie aus dem Kupfer-Ion bestätigt. Die geringere Intensität der Argon-Emissionslinien in HiPIMS liegt am Gasverdünnungsphänomen. Wie in der Theorie zu HiPIMS (Abschnitt 2.3.2) erläutert, wird das Prozessgas Argon im HiPIMS-Puls aus der Ionisationsregion vor dem Target verdrängt. Dazu trägt der sogenannte Sputterwind (Impulsübertrag von gesputterten Atomen auf das Hintergrundgas) bei, besonders aber der Verlust von ionisierten, zum Target beschleunigten und anschließend in die Kammer reflektierten Argon-Atomen [60].

Die gezeigten Spektren wurden bei ausschließlicher HiPIMS- beziehungsweise HF-Anregung des Plasmas aufgenommen. Abb. 5.9 illustriert die Auswirkungen der Superposition beider Signale auf die Plasmazusammensetzung. Dabei aufgetragen sind die zeitgemittelten Zählraten der intensivsten Argon-Linie (Maximum in Messdaten bei 811.3 nm, Literaturwert bei 811.5 nm) sowie der intensivsten Kupfer-Linie (Maximum in Messdaten bei 810.3 nm, Literaturwert bei 810.6 nm) für HiPIMS-, HF- und Superpositionsprozesse bei variierter Leistung. In Abb. 5.9a wurde hierfür die mittlere Gesamtleistung am Magnetron konstant bei 150 W gehalten. Mit steigendem HiPIMS-Anteil an der Gesamtleistung sieht man einen nahezu linearen Anstieg der Kupfer-Emission und einen ebenso näherungsweise linearen Rückgang der Argon-Emission. Im Superpositionsprozess liegt also (zeitgemittelt) eine Mischung des Kupfer- und Argon-Plasmas vor. In zeitaufgelösten Messungen würde man vermutlich die Emission der Kupferlinien nur während des HiPIMS-Pulses messen.

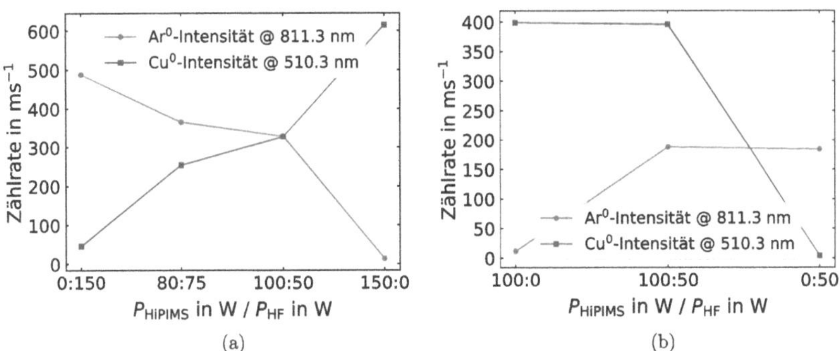

Abbildung 5.9 Zählraten der intensivsten Kupfer- und Argon-Linien in HiPIMS-, HF- und Superpositionsprozessen bei variierter Leistung: (a) bei konstanter mittlerer Gesamtleistung 150 W, (b) HiPIMS- und HF-Prozess, die zum Superpositionsprozess mit $P_{\text{HiPIMS}}/P_{\text{HF}} = 100\,\text{W}/50\,\text{W}$ beitragen

In Abb. 5.9b wurde die Emission des Superpositionsplasmas mit $P_{\mathrm{HiPIMS}}/P_{\mathrm{HF}} = 100\,\mathrm{W}/50\,\mathrm{W}$ in einer separaten Messreihe genauer analysiert. Dazu wurde die Lichtintensität der dazu beitragenden Prozesse, also in HiPIMS bei 100 W Leistung und HF 50 W Gesamtleistung, gemessen. Erwartungsgemäß dominiert in HiPIMS die Kupfer-Emission, in HF wurde eine höhere Argon-Emission gemessen. Werden beide Anregungen am Magnetron überlagert, ist die Kupfer-Emission etwa gleich hoch wie im reinen HiPIMS-Plasma und die Argon-Emission etwa so intensiv wie im reinen HF-Plasma. Das zeigt, dass die Prozesse, die zur Anregung dieser Spezies führen, im zeitlichen Mittel unabhängig voneinander sind und sich nicht gegenseitig beeinflussen. Die (zeitgemittelte) Plasmazusammensetzung kann durch die HiPIMS- und HF-Leistung eingestellt werden.

5.2.3 Integraler Energieeintrag und Abscheiderate

Für die Untersuchung des Energieeintrags auf eine Substratoberfläche im HiPIMS/HF-Superpositionsprozess wurden Messungen mit der passiven Thermosonde (PTP) durchgeführt. Diese wurde dafür im Substratraum mit 10 cm Abstand zur Targetoberfläche und 1 cm Abstand zur Targetmitte unter dem Racetrack eingebaut. In Abb. 5.10 ist der Energieeintrag in HiPIMS, HF und bei Superposition aufgetragen. Dabei wurde die Gesamtleistung bei 150 W konstant gehalten und das Leistungsverhältnis variiert (Druck konstant 5 Pa, HiPIMS-Pulsmuster $t_{\mathrm{on}} = 50\,\mu\mathrm{s}$, $t_{\mathrm{off}} = 2450\,\mu\mathrm{s}$). Die Fehlerbalken zeigen sowohl den statistischen Fehler aus der

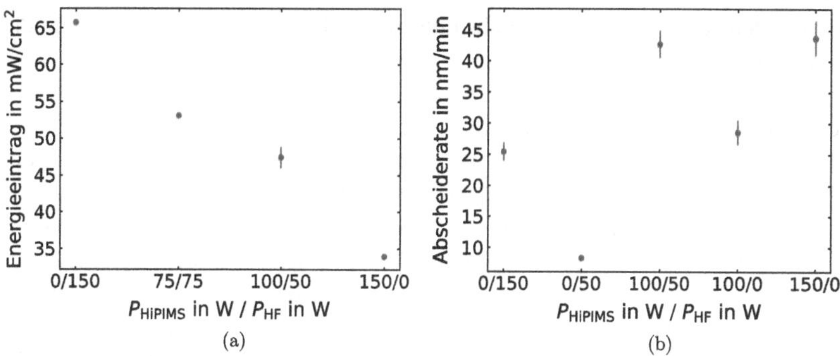

Abbildung 5.10 Energieeintrag (a) und Abscheiderate (b) in HiPIMS, HF und Superpositionsprozessen bei variierter HiPIMS- und HF-Leistung (Druck konstant 5 Pa, HiPIMS $t_{\mathrm{on}} = 50\,\mu\mathrm{s}$, $t_{\mathrm{off}} = 2450\,\mu\mathrm{s}$)

Mittelung von fünf Einzelmessungen als auch den systematischen Fehler aus der Kalibrierung der Wärmekapazität. Im reinen HF-Prozess ist der Energieeintrag am höchsten (etwa $66\,\mathrm{mW/cm^2}$). Bei zunehmender HiPIMS-Leistung sinkt der Energieeintrag in guter Näherung linear. Bei ausschließlicher HiPIMS-Anregung beträgt der Energieeintrag fast die Hälfte des Wertes in HF (rund $34\,\mathrm{mW/cm^2}$). Das bedeutet, dass bei hohem HF-Anteil an der Gesamtleistung die Substrate thermisch stärker belastet werden. Zur Beschichtung temperatursensitiver Substrate müsste unter Umständen der HF-Anteil möglichst gering gehalten werden.

Besonders für die Wirtschaftlichkeit von industriellen Prozessen ist die Abscheiderate ein wichtiger Faktor. Für den HiPIMS/HF-Superpositionsprozess konnte für die Ratenmessung nicht die Quarzkristall-Mikrowaage verwendet werden, da diese durch die abgestrahlte Hochfrequenz gestört wurde und keine verlässlichen Werte generiert hat. Daher wurden Schichten in 5 cm Abstand zum Target auf Silizium abgeschieden, bei denen ein Teil des Substrats während der Beschichtung abgedeckt wurde. Die Morphologie der Schichten wird in Abschnitt 5.2.5 diskutiert. Die Höhe der entstandenen Kante an der Abdeckung wurde über Kontaktprofilometrie (vgl. Abschnitt 3.2.2) vermessen. Über Division durch die Beschichtungszeit lässt sich daraus die Abscheiderate berechnen.

Die Ergebnisse für die untersuchten HF-, HiPIMS- und HiPIMS/HF-Prozesse sind in Abb. 5.10b über den angelegten Leistungen aufgetragen. Hierfür wurden jeweils vier Schichtdickenmessungen gemittelt, der Fehler der Abscheiderate wurde aus der Streuung der Messwerte errechnet. Limitierend für die Genauigkeit der Schichtdicke ist nicht die Höhenauflösung des Profilometers, sondern ein Gradient der Schichtdicke über die Probe, in den durchgeführten Messungen bis zu 40 nm. Um die Vergleichbarkeit der Schichten zu gewährleisten, wurden die Substrate stets an der gleichen Stelle auf dem Substrathalter positioniert und abgedeckt und die Schichtdicke an mehreren Positionen gemessen.

Anders als Abb. 5.2, bei der die Abscheiderate mit dem QCM ermittelt wurde, repräsentieren diese Ergebnisse die tatsächliche Dickenabscheiderate. Diese ist allerdings nicht zwingend proportional zur Massenabscheiderate, da die Dichte der abgeschiedenen Schichten variieren kann. Bei einer Gesamtleistung von 150 W ist die Abscheiderate im HF-Plasma mit $(25.4 \pm 1.4)\,\mathrm{nm/min}$ am geringsten und im reinen HiPIMS-Prozess mit $(44 \pm 3)\,\mathrm{nm/min}$ am höchsten. Die niedrige Abscheiderate ist der Grund, warum HF-Sputtern industriell nur für hochisolierende Schichten oder dielektrische Targets verwendet wird. Im Superpositionsprozess mit $P_{\mathrm{HiPIMS}}/P_{\mathrm{HF}} = 100\,\mathrm{W}/50\,\mathrm{W}$ ist die Abscheiderate ähnlich hoch wie im HiPIMS-Prozess. Addiert man die Raten der Sputterprozesse, die im Superpositionsprozess kombiniert werden,

$$\begin{aligned}\text{Rate}(P_{\text{HiPIMS}} &= 100\,\text{W}) + \text{Rate}(P_{\text{HF}} = 50\,\text{W}) \\ &= (8.4 \pm 0.3)\,\text{nm/min} + (29 \pm 2)\,\text{nm/min} \quad (5.2) \\ &= (37 \pm 3)\,\text{nm/min}, \quad (5.3)\end{aligned}$$

ist das Ergebnis innerhalb der Fehler kompatibel mit der Abscheiderate im Superpositionsprozess ((42 ± 2) nm/min). Die Abscheideraten addieren sich also, wenn HiPIMS- und HF-Prozess kontinuierlich überlagert werden.

5.2.4 Ionenenergieverteilung

Die Energie der schichtbildenden Teilchen ist eine zentrale Größe, welche die Morphologie der Schichten bestimmt (siehe Abschnitt 2.2.3). Daher wurden für den HiPIMS/HF-Prozess die Ionenenergieverteilungen (IED) der Cu^{+}-Ionen mit energieselektiver Massenspektrometrie untersucht. Wie auch für den Vergleich von HiPIMS und DC wurde das Massenspektrometer im Substratraum mit 20 cm Abstand mittig unter dem Target eingebaut. Die Ergebnisse sind in Abb. 5.11 dargestellt. Die Ionenenergieverteilungen wurden zur besseren Lesbarkeit auf den jeweils höchsten Peak normiert. In Abb. 5.11a zeigt die schwarze Kurve die Referenz im reinen HiPIMS-Plasma (t_{on} = 50 µs, t_{off} = 2450 µs, 100 W, 5 Pa). Wie in Abschnitt 5.1.2 diskutiert, weist die Verteilung dort drei Peaks auf. Die Peaks bei niedrigen Energien werden thermalisierten Ionen und der verschobenen Thompson-Verteilung zugeschrieben. Die Ursache für den Hochenergiepeak konnte bislang nicht abschließend geklärt werden.

Die weiteren Kurven in Abb. 5.11a zeigen die IED bei zusätzlich 10–75W HF-Anregung. Für den DC-Bias am Magnetron wurden dabei 30 V (bei 10 W HF) bis 125 V (bei 75 W HF) gemessen. Die Ionenenergieverteilung weist im HiPIMS/HF-Superpositionsprozess einen Peak bei etwa 50–70 eV auf, der bei höherer HF-Leistung zu höherer Energie verschoben wird. Die Flanke des Peaks ist zu hohen Energien steil und verläuft zu niedrigen Energien wesentlich flacher. In Abb. 5.11b sind die korrespondierenden Ionenenergieverteilungen im reinen HF-Plasma bei den jeweiligen HF-Leistungen dargestellt. Bei gleicher HF-Leistung befinden sich die Maxima der Ionenenergieverteilung etwa an gleicher Position wie im HiPIMS/HF-Superpositionsprozess, auch die gesamte Form der IED ist vergleichbar. Die Zählraten im HF-Prozess sind allerdings wesentlich geringer. An den normierten Verteilungen kann man das an der Relation des Rauschniveaus zum Maximum erkennen. Das Rauschniveau der Zählrate liegt in allen Messungen etwa bei 10 s^{-1}. Im HF-Plasma ist dieses statistische Rauschniveau im Vergleich zum Maximum der Verteilung wesentlich höher als in HiPIMS oder HiPIMS/HF.

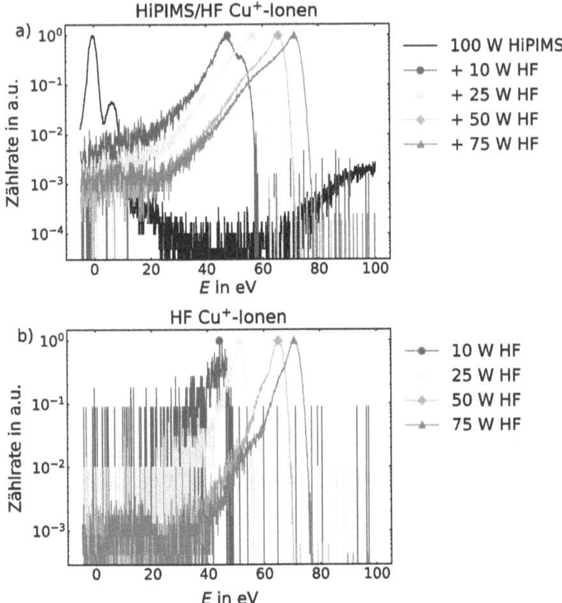

Abbildung 5.11 Ionenenergieverteilung von Cu^+-Ionen, gemessen über ESMS bei 5 Pa und variierten Plasmaanregungen. a) HiPIMS (t_{on} = 50 µs, t_{off} = 2450 µs, 100 W) und HiPIMS/HF mit variierter HF-Leistung. b) HF-Plasma. Zur besseren Lesbarkeit sind die Verteilungen jeweils auf den höchsten Peak normiert

Ursache für die Ionenenergieverteilung beim HF-Magnetronsputtern ist die Potentialstruktur im HF-Plasma. Simulationen von Pflug et al. [17] sind in Abb. 5.12 gezeigt. In jener Veröffentlichung wurde das Potential zwischen Target (links) und floatenden Substrat (rechts) simuliert. Im DC-Plasma (Abb. 5.12a) fällt im Potentialfall vor dem Target die meiste Spannung ab, der Potentialfall zum floatendem Substrat ist sehr klein (beträgt nur einige Volt)[1]. In Abb. 5.12c ist die resultierende, simulierte Ionenenergieverteilung am Substrat für Ar^+-Ionen gezeigt. In DC haben diese Ionen niedrige Energien, da sie im Potentialfall vor dem Substrat kaum beschleunigt wurden.

[1] In der vorliegenden Arbeit wurde das Substrat beziehungsweise die Diagnostik wie etwa die Eingangsblende des Massenspektrometers stets geerdet. Dann wäre das Substrat auf 0 V Potential und das Plasmapotential einige Volt höher als das Substratpotential.

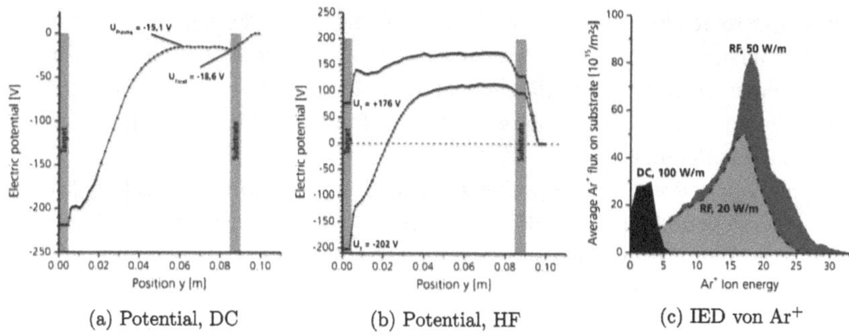

(a) Potential, DC (b) Potential, HF (c) IED von Ar^+

Abbildung 5.12 Simulationen zur Potentialstruktur und den resultierenden Ionenenergieverteilungen bei DC- und HF-Magnetronsputterprozessen von Pflug et al., entnommen aus Ref. [17]. (a) und (b) zeigen die simulierte Potentialverteilung im Magnetronsputtern zwischen Target (links) und Substrat (rechts, hier als floatend angenommen) im DC-Prozess (a) und zwei Kurven aus dem HF-Prozess (b). (c) Simulierte Ionenenergieverteilung von Ar^+-Ionen in DC und HF (engl. *RF*), die angegebenen Leistungen sind normiert auf die Länge des Targets

Im HF-Plasma sind die Potentiale an den Elektroden und im Plasma zeitabhängig. In Abb. 5.12b sind zwei exemplarische Kurven für die Potentialstruktur im HF-Plasma, mit negativer und positiver Spannung am Target, gezeigt. In beiden Fällen ist das Plasmapotential deutlich höher als im DC-Plasma. Hinter dem (hier floatenden) Substrat ist der Potentialfall eingezeichnet, der sich zu einem geerdeten Substrat einstellen würde. Dies wäre die Konfiguration, wie sie in den Experimenten dieser Arbeit verwendet wurde. Der Potentialfall ist bereits zum floatenden Substrat deutlich größer als im DC-Plasma. Dies führt auch zu höheren Ionenenergien, da die Ionen durch die höhere Randschichtspannung stärker auf das Substrat beschleunigt werden. So wurden, abhängig von der angelegten Leistung, Ionenenergien zwischen 10 und 30 eV simuliert (Abb. 5.12c). Bei einem geerdeten Substrat wäre die Ionenenergie durch die größere Potentialdifferenz zwischen Plasmapotential und Substrat noch größer. Insgesamt ist also die Energie der Ionen, die im HF-Plasma auf das Substrat treffen, aufgrund des höheren Plasmapotentials größer als in DC.

Vor diesem Hintergrund lässt sich die Ionenenergieverteilung im HiPIMS/HF-Superpositionsprozess diskutieren. Im HiPIMS-Plasma wäre die Potentialstruktur mit dem DC-Plasma vergleichbar [63, 128]. Dennoch werden im HiPIMS/HF-Superpositionsprozess ähnliche Ionenenergieverteilungen wie im reinen HF-Plasma gemessen. Dies legt nahe, dass durch die Superposition mit HF das Plasmapotential im Superpositionsprozess erhöht wird. Durch die HiPIMS-Pulse entsteht in der

Ionisationsregion vor dem Target ein dichtes Plasma, in dem gesputterte Kupfer-Atome ionisiert werden. Daher werden im HiPIMS/HF-Prozess auch mehr Kupfer-Ionen gemessen als bei ausschließlicher HF-Anregung. Das HF-Plasma erzeugt den hohen Potentialfall vor dem Substrat, der die Ionen zu höheren Energien auf das Substrat beschleunigt.

Eine höhere Randschichtspannung vor dem Substrat würde bedeuten, dass die Ionenenergieverteilung aus HiPIMS insgesamt zu höheren Energien verschoben wird. Bei 10 W HF-Leistung sieht man im HiPIMS/HF-Superpositionsprozess in der IED einen Peak bei 47 eV mit einer Schulter bei 52 eV. Möglicherweise entspricht der hohe Peak den beschleunigten thermalisierten Ionen und der zweite Peak dem Peak aus der Thompson-Verteilung. Bei höherer HF-Leistung wurde diese Doppelpeakstruktur allerdings nicht beobachtet. Ein Grund dafür könnte sein, dass bei höherer Leistung die Zahl der gesputterten Atome und damit die Stöße zwischen den Teilchen zunehmen könnten [13], wodurch die Energien angeglichen werden. Eine Doppelpeakstruktur könnte auch durch die Oszillation des Plasmapotentials im HF-Plasma hervorgerufen werden [25]. Da man dies auch in der IED des HF-Plasmas nicht sehen kann, ist dieser Doppelpeak offenbar so nah beieinander, dass er nicht mit dem Massenspektrometer aufgelöst werden kann.

Die Randschichtspannung zum Substrat ist nicht bekannt. Der DC-Bias am Target wird vom Generator und auch direkt über die Spannungsmessung mit dem HV-Tastkopf bestimmt. So wurden, abhängig von der Leistung, 30 – 125 V ermittelt. Die höhere Ionenenergie bei höherer HF-Leistung (höherem DC-Bias) unterstützt die These der Beschleunigung zum Substrat durch eine höhere Randschichtspannung. Im Theorieteil (Abschnitt 2.3.3) wurde dargelegt, dass die mittlere Randschichtspannung vor der getriebenen Elektrode $\overline{U}_{\mathrm{HF}}$ (hier das Target) und jene vor der geerdeten Elektrode $\overline{U}_{\mathrm{Ground}}$ mit dem Flächenverhältnis der Elektroden über ein Potenzgesetz zusammenhängen:

$$\frac{\overline{U}_{\mathrm{HF}}}{\overline{U}_{\mathrm{Ground}}} = \left(\frac{A_{\mathrm{Ground}}}{A_{\mathrm{HF}}} \right)^x . \tag{5.4}$$

Der theoretisch berechnete Wert für den Exponenten liegt zwischen 2.5 und 5 [25]. Die Oberfläche der geerdeten Gegenelektrode (Kammerwand, geerdetes Anodenblech, Substrathalter, geerdete Diagnostik) ist rund 50-mal größer als die Targetoberfläche. Daher sollte die Randschichtspannung vor dem Substrat um ein Vielfaches kleiner sein als die Randschichtspannung vor dem Target. Bei mittleren Randschichtspannungen (DC-Bias) zwischen 30 und 125 V am Target wird die Ionenenergieverteilung um 45–75 eV zu höheren Energien verschoben. Das würde bedeuten, dass die Randschichtspannung vor dem Substrat, also insgesamt vor der geerdeten

Gegenelektrode, 45–75 V beträgt. Diese Werte sind ähnlich oder halb so hoch wie der DC-Bias vor dem Target – laut dem Potenzgesetz sollten sie aber deutlich kleiner sein. Die Beschleunigung durch größere Spannungen als die Randschichtspannung vor dem Substrat wäre etwa möglich durch zusätzliche Oszillationen des Plasmapotentials [125]. Durchquert das Ion die Randschicht in Zeiten, die kürzer oder ähnlich groß wie die HF-Periode sind, könnte es auch eine höhere Beschleunigungsspannung als die zeitgemittelte Randschichtspannung erfahren [88, 129]. Aufschluss über die Potentiale könnten orts- und zeitaufgelöste Messungen des Plasmapotentials, etwa über eine emissive Sonde [124], geben. Damit lässt sich nicht die Variation des Plasmapotentials durch die HF-Oszillation auflösen, aber Unterschiede durch den HiPIMS-Puls und der Einfluss des HF-Plasmas sollten messbar sein.

An dieser Stelle kann der Ursprung der offenbar hohen Randschichtspannung vor dem geerdeten Massenspektrometer nicht vollständig erklärt werden. Gleichwohl ist der prinzipielle Prozess der Anhebung des Plasmapotentials in einem DC- oder gepulsten DC-Sputterprozess durch Superposition mit HF in der Literatur bereits beschrieben [130, 131]. Beim DC oder gepulsten DC-Sputtern bei niedrigen Leistungsdichten werden die gesputterten Ionen nicht oder kaum ionisiert. Durch die höhere Randschichtspannung werden also lediglich Ar^+-Ionen auf das Substrat beschleunigt, die auch zur Verdichtung der wachsenden Schicht führen können. Bei der Abscheidung von sauerstoffhaltigen Verbindungen entstehen im Plasma O^--Ionen, die zu hohen Energien vom Target wegbeschleunigt werden. Durch eine höhere Randschichtspannung zum Substrat können diese Ionen abgebremst werden und so weniger Defekte in den Schichten verursachen. Daher wurde die Kombination mit HF bisher vor allem zur Abscheidung transparenter leitfähiger Oxide genutzt, um die Energie von Ar^+ zur Verdichtung der Schichten zu erhöhen und die Energie von O^--Ionen zur Defektreduktion zu vermindern [132].

5.2.4.1 Zeitaufgelöste Massenspektrometrie im HiPIMS/HF-Plasma

Mittels zeitaufgelöster Massenspektrometrie lässt sich die Dynamik des Plasmas bei HiPIMS/HF-Superposition untersuchen. In Abb. 5.13a sind oben die Zeitreihen für die Detektion von Cu^+-Ionen mit Energien zwischen 0.5 und 60,0 eV aufgetragen. Dafür wurden 100 W HiPIMS- und 50 W HF-Leistung verwendet (5 Pa, $t_{on} = 50\,\mu s$, $t_{off} = 2450\,\mu s$). Unten sind in der Grafik das zugehörige Strom- und das kombinierte HiPIMS/HF-Spannungssignal gezeigt. Die Zeitreihen aus der Massenspektrometrie wurden für die energie- und massenabhängige Flugzeit im Massenspektrometer korrigiert. Dies ist in Anhang B im elektronischen Zusatzmaterial beschrieben. Zur besseren Lesbarkeit sind die Zeitreihen auf die jeweils höchste Zählrate normiert.

Für 0.5 und 7 eV wird kurz nach dem HiPIMS-Puls in einem scharfen Peak die maximale Zählrate gemessen. Nach 500 µs wird für beide Energien ein zweiter,

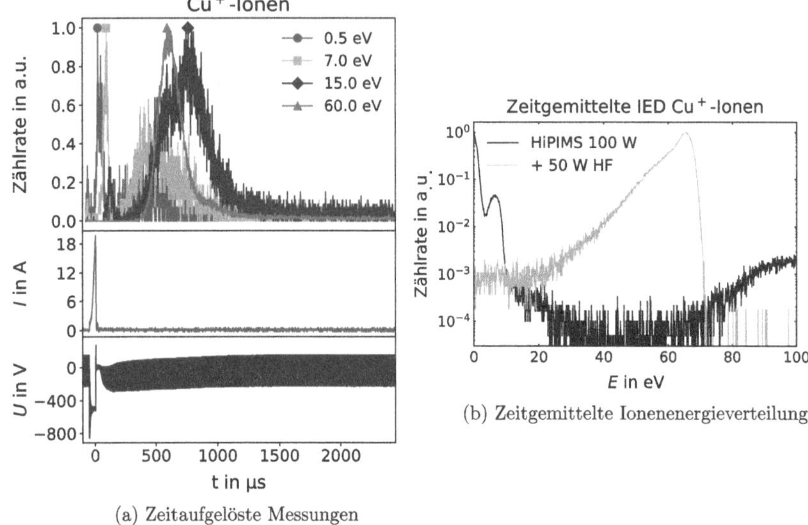

(a) Zeitaufgelöste Messungen

(b) Zeitgemittelte Ionenenergieverteilung

Abbildung 5.13 (a): Zeitaufgelöste Massenspektrometrie im HiPIMS/HF-Superpositionsprozess bei 5 Pa, HiPIMS $t_{on} = 50\,\mu s$, $t_{off} = 2450\,\mu s$, $P_{HiPIMS}/P_{HF} = 100\,W/50\,W$. Oben: Zeitreihe für Cu^{+}-Ionen mit Energien zwischen 0.5 und 60,0 eV. Unten: Zugehöriges Strom- und kombiniertes HiPIMS/HF-Spannungssignal. (b): Zugehörige zeitgemittelte Ionenenergieverteilung mit Referenz im reinen HiPIMS-Prozess

weniger hoher Peak gemessen. Die höheren Energien werden direkt nach dem Puls kaum detektiert. Diese Ionen kommen 700 bis 800 µs nach dem HiPIMS-Puls im Massenspektrometer an. Zum Vergleich ist in Abb. 5.13b die zeitgemittelte Ionenenergieverteilung für diesen Superpositionsprozess sowie die Referenz im reinen HiPIMS-Prozess gezeigt. Wie dort erkennbar, sind die niedrigen Energien von 0.5 und 7 eV typische Energien aus der Ionenenergieverteilung in HiPIMS. Die Messung kurz nach dem HiPIMS-Puls zeigt, dass diese Ionen im HiPIMS-Plasma entstehen und direkt zum Substrat fliegen. Die Detektion direkt nach dem HiPIMS-Puls wurde auch bei ausschließlicher HiPIMS-Anregung des HiPIMS-Plasmas gemessen (siehe Abb. 5.5). Offenbar hat sich zu diesem Zeitpunkt noch keine hohe (HF-)Randschichtspannung vor dem Substrat gebildet, da sonst die Ionen dort zu höheren Energien beschleunigt würden.

Das zeigt sich auch in den elektrischen Daten: Der DC-Bias hat sich voll erst 100 µs nach dem HiPIMS-Puls ausgebildet. In der zeitaufgelösten Massenspektrometrie in reinem HiPIMS (Abb. 5.5) wurde für niedrige Energien eine hohe Zählrate in der Off-Zeit, etwa 1 ms nach dem HiPIMS-Puls, gemessen. Diese wurde damit erklärt, dass das HiPIMS-Plasma dann vom Target weg diffundiert. Zu diesem Zeitpunkt haben sich im Superpositionsprozess das HF-Plasma und die hohe Randschichtspannung aufgebaut. Die Ionen werden also auf hohe kinetische Energien zum Substrat beschleunigt. Dieser Prozess könnte dann im HiPIMS/HF-Prozess zur Messung der Ionen mit 60 eV Energie etwa 800 µs nach dem HiPIMS-Puls führen. Danach werden kaum weitere Cu^{+}-Ionen gemessen: Im HF-Plasma in der Off-Zeit des HiPIMS-Pulses ist die Plasmadichte zu gering, um weitere Metallionen zu erzeugen. Für ein genaueres Verständnis der Dynamik sind hier weiterführende Messungen, beispielsweise auch von den Argon-Ionen und in Abhängigkeit des Drucks, erforderlich.

5.2.5 Schichtstruktur

Um die Ergebnisse aus der Plasmadiagnostik mit den Eigenschaften abgeschiedener Schichten korrelieren zu können, wurden erste Schichtabscheidungsexperimente im HiPIMS/HF-Superpositionsprozess durchgeführt. Dabei erfolgte die Abscheidung von Kupferschichten bei 4,0 Pa und variierten Plasmaanregungen (HiPIMS-Pulsparameter: $t_{on} = 50\,\mu s$, $t_{off} = 2450\,\mu s$) auf Siliziumwafern. Die Siliziumwafer wurden nicht vorbehandelt, sind also mit einer Schicht des nativen Siliziumoxids überzogen. Die Substrate wurden 5 cm unterhalb des Targets auf einem geerdeten Substrathalter platziert. Ein Teil des Substrats wurde jeweils abgedeckt. Aus der beim Schichtwachstum entstandenen Kante wurde über Profilometrie die Abscheiderate bestimmt (Daten in Abb. 5.10b). Für die Untersuchung der Schichtmikrostruktur wurden die Schichten im Elektronenmikroskop untersucht. In Abb. 5.14 sind die Aufnahmen der Oberfläche und des Querschnitts der Schichten zu sehen. Für die Aufnahme des Querschnitts wurden die Schichten gebrochen. An den Aufnahmen des Querschnitts ist erkennbar, dass die Schichten unterschiedlich dick sind. Dies kann Einfluss auf die Schichteigenschaften haben, wie etwa durch veränderte Schichteigenspannungen [133]. Für weiterführende Experimente sollte auf Basis der gemessenen Abscheideraten die Beschichtungsdauer angepasst werden, um möglichst gleiche Schichtdicken zu erreichen.

Die Schichten wurden mit konstanter mittlerer Gesamtleistung von 150 W am Target abgeschieden. Die Schicht aus dem reinen HF-Prozess (Abb. 5.14a) hat eine poröse Struktur. Auf der Oberfläche und im Querschnitt sieht man polykristalline Agglomerate mit Durchmesser von einigen hundert Nanometern. Abb. 5.14c zeigt die mit gleicher mittlerer Leistung in HiPIMS gewachsene Schicht. An der Oberfläche ist erkennbar, dass diese Schicht wesentlich dichter ist als die Schicht aus dem

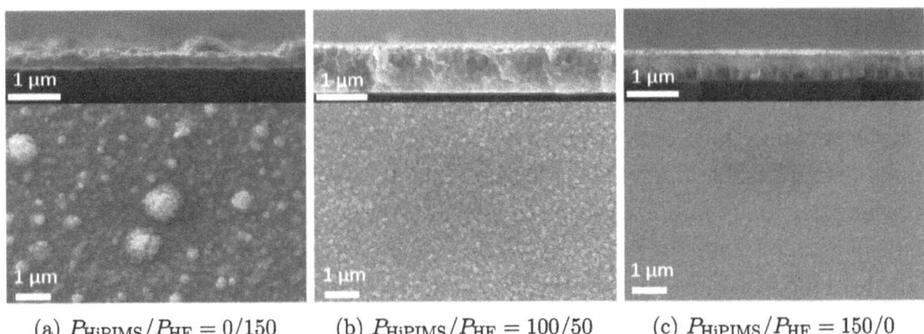

(a) $P_{\mathrm{HiPIMS}}/P_{\mathrm{HF}} = 0/150$ (b) $P_{\mathrm{HiPIMS}}/P_{\mathrm{HF}} = 100/50$ (c) $P_{\mathrm{HiPIMS}}/P_{\mathrm{HF}} = 150/0$

Abbildung 5.14 SEM-Aufnahmen von der Mikrostruktur der Oberfläche und dem Querschnitt abgeschiedener Kupferschichten in HiPIMS, HF und im Superpositionsprozess bei 150 W Gesamtleistung am Target, 4,0 Pa und HiPIMS-Pulsparametern $t_{\mathrm{on}} = 50\,\mu\mathrm{s}$, $t_{\mathrm{off}} = 2450\,\mu\mathrm{s}$

HF-Plasma und etwa eine niedrigere Rauigkeit aufweist. Im dunkleren Teil in der Mitte der Oberfläche wurden vor dieser Messung Aufnahmen mit höherer Auflösung durchgeführt. Aufgrund der Wechselwirkung mit dem Elektronenstrahl wurde die Oberfläche offenbar geringfügig modifiziert. Dies führt zu einer geringeren Emission von Sekundärelektronen, die zur Bildgebung im Rasterelektronenmikroskop genutzt werden, wodurch ein dunklerer Bereich in dem Bild sichtbar ist. Dies ist ein Artefakt der Messung und wird deshalb nicht weiter betrachtet. Die Oberfläche der Schicht in Abb. 5.14b aus dem Superpositionsprozess mit 100 W HiPIMS- und 50 W HF-Leistung wirkt ebenfalls dichter als im reinen HF-Prozess. Im Vergleich zu der HiPIMS-Beschichtung könnte man vermuten, dass die Korngröße hier höher ist. Dies könnte beispielsweise durch Messungen mit Rasterkraftmikroskopie (engl. *atomic force microscopy*) bestätigt werden.

Im HF-Prozess sind die schichtbildenden Teilchen elektrisch neutral. Anders als Ionen werden diese nicht in der Randschicht zum Substrat beschleunigt, weisen also eine niedrigere kinetische Energie auf. Wie in Abschnitt 2.2.3 beschrieben, wächst die Schicht dann bei einer niedrigen Adatommobilität. Dies kann etwa zu Abschattungseffekten führen und zu einer hohen Oberflächenrauigkeit wie bei der HF-Schicht in Abb. 5.14a. Im HF-Plasma ist der Energieeintrag zwar höher als in HiPIMS (siehe Abb. 5.10a), die wachsende Schicht wird also stärker durch das Plasma erwärmt. Offenbar reicht dieser Energieeintrag aber nicht aus, um Diffusionsprozesse zu verstärken, die zu einer dichteren Schicht führen könnten. In HiPIMS haben die schichtbildenden Teilchen eine höhere kinetische und aufgrund des hohen Ionisationsgrades auch eine höhere potentielle Energie. Dass daher dichte Kupferschichten abgeschieden werden können, wurde bereits in der

Literatur gezeigt [68, 134–136]. Durch die höhere kinetische Energie der Ionen im HiPIMS/HF-Prozess ist die Atommobilität zusätzlich erhöht, sodass Oberflächendiffusionsprozesse erleichtert werden. So kann die Kristallgröße zunehmen, wie es im HiPIMS/HF-Prozess beobachtet wurde. In der Literatur berichtet wurde dies bereits bei der Kupferabscheidung in HiPIMS für die Ionenenergieerhöhung durch einen Substratbias (zusätzliche Spannung am Substrat zur Ionenbeschleunigung) [123, 137] oder durch bipolares HiPIMS [138] (positiver Puls am Target zur Ionenbeschleunigung). Diese Ergebnisse sollten durch weitere Schichtabscheidungsexperimente und Schichtcharakterisierung untersucht werden. Die Kristallgröße und Oberflächenrauheit könnten etwa durch Rasterkraftmikroskopie (AFM) bestimmt werden. Mit Röntgenbeugung (engl. *x-ray diffraction*, XRD) ließen sich ebenfalls Informationen über die Kristallgröße, aber auch über die enthaltenen Phasen und die Schichteigenspannungen gewinnen.

5.2.6 Diskussion: Superposition von HiPIMS mit HF als Ionenbeschleunigungsmechanismus zur nachhaltigeren Schichtabscheidung

Die Resultate aus der energieselektiven Massenspektrometrie zeigen, dass durch die Superposition von HiPIMS mit HF die Ionenenergie erhöht werden kann. Dies wurde einer höheren Randschichtspannung vor dem Substrat zugeschrieben. Wie bereits diskutiert, wurde dies in der Literatur schon für die Kombination mit einem DC oder gepulsten DC-Plasma berichtet [130, 131]. Hier können die schichtbildenden Metallatome selbst allerdings nicht beschleunigt werden, da sie elektrisch neutral sind. Lediglich die Energie von Ar^{+}- oder O^{-}-Ionen konnte so geregelt werden.

HiPIMS bietet den Vorteil, dass hier die schichtbildenden Teilchen vorwiegend Metallionen sind. Ionen können durch elektrische Felder beschleunigt werden: Daher wurden in der Literatur bereits mehrere Strategien zur Ionenbeschleunigung in HiPIMS diskutiert. Mit einer zusätzlichen Spannung am Substrat (Substratbias) können Ionen auf das Substrat beschleunigt werden. Das wurde in HiPIMS beispielsweise verwendet, um komplexe Substratgeometrien wie dünne Gräben in der Mikroelektronik zu beschichten [66]. Die Regelung der Ionenenergie über den Substratbias wurde genutzt, um etwa die abgeschiedene Phase des Materials zu beeinflussen [67]. Synchronisiert man einen gepulsten Substratbias mit dem HiPIMS-Puls, können ungefähr ab der Mitte des HiPIMS-Pulses gezielt die Metall- und nicht die Gasionen angezogen werden [139]. Die in HiPIMS entstehenden Metallionen können auch über einen zusätzlichen positiven Puls nach dem (negativen)

HiPIMS-Puls vom Target wegbeschleunigt werden. Das wurde ebenfalls genutzt, um die Ionenenergie speziell der Metallionen zu beeinflussen [140].

Die Superposition mit HF stellt einen neuen Ionenbeschleunigungsmechanismus dar, der für HiPIMS noch nicht in der Literatur beschrieben wurde. Wie in Abschnitt 5.2.5 dargelegt, weisen die ersten Schichtabscheidungsexperimente auf eine höhere Korngröße im Vergleich zum reinen HiPIMS-Prozess hin. Ähnliche Ergebnisse wurden auch durch die etablierten Ionenbeschleunigungsmechanismen (Substratbias, bipolare Pulse) [123, 137, 138] erzielt und einer höheren Adatommobilität zugeschrieben. Bisher wurde zum HiPIMS/HF-Superpositionsprozess eine Simulationsstudie publiziert [141], in der aber die Auswirkungen der HF-Anregung auf das Plasmapotential und die Energiebilanz schwerer Teilchen nicht mit einbezogen werden und es keine Vorhersagen für die Schichteigenschaften im HiPIMS/HF-Prozess gibt. Als experimentelle Studie liegt bis dato nur ein Pre-Print vor [126]. Dort werden lediglich elektrische Daten aus einem HiPIMS/HF-Prozess untersucht.

Die Untersuchungen der Dynamik in der zeitaufgelösten Massenspektrometrie (Abschnitt 5.2.4.1) suggerieren folgenden Prozess bei HiPIMS/HF-Superposition: Im HiPIMS-Puls werden die Metallionen erzeugt. Entweder fliegen diese dann direkt zum Substrat. Diffundieren die Kupfer-Ionen aber nach dem Puls zum Substrat, hat sich bereits die HF-Randschicht aufgebaut, und die Ionen werden auf hohe Energien beschleunigt. Im HF-Plasma selbst können kaum neu gesputterte Teilchen ionisiert werden, da die Plasmadichte hier zu gering ist. Um die Potentialstruktur und deren Dynamik besser zu verstehen, sollten zeit- und ortsaufgelöste Messungen des Plasmapotentials erfolgen. Dies ist mit einer gepulsten emissiven Sonde möglich, wie beschrieben von Sanders et al. [124]. Messungen mit einer Langmuir-Sonde könnten darüber hinaus Aufschluss über die weiteren Plasmaparameter, wie Elektronendichte und -temperatur, geben. Im HF-Plasma sind diese Messungen jedoch komplex, da die HF-Oszillation kompensiert werden muss [82, 142]. Als einfache Lösung, um Informationen über die Potentiale im Plasma zu erhalten, könnte das Floating-Potential orts- und zeitaufgelöst im Plasma gemessen werden. Hierbei genügt es, das Potential eines isolierten Drahts im Plasma zu messen. Die Differenz zwischen Plasma- und Floating-Potential hängt lediglich von der Elektronentemperatur ab [23]. Diese zeitaufgelösten Potentialmessungen könnten dann mit den gemessenen Energien in der zeitaufgelösten energieselektiven Massenspektrometrie korreliert werden.

Ein Nachteil der HiPIMS/HF-Superposition wäre, wenn die abgeschiedenen Schichten eine Mischung von HiPIMS- und HF-Schichteigenschaften aufweisen würden. Besonders bei hohen HF-Leistungen könnte in der Off-Zeit des HiPIMS-Pulses die Schicht weiter mit langsamen Neutralteilchen abgeschieden werden. Wie in Abb. 5.14a gezeigt, führt dies tendenziell zu einer porösen Schichtstruktur. Daher sollte die HF-Leistung möglichst gering sein. So hebt man das Plasmapotential zwar an und nutzt den Ionenbeschleunigungsmechanismus, hat aber eine geringe Abscheiderate mit Neutralteilchen aus dem HF-Prozess. Mit schon 10 W HF-Leistung kann die Ionenenergie um etwa 30 bis 40 eV erhöht werden (Abb. 5.11).

In künftigen Untersuchungen sollte die Ionenenergieverteilung auch bei noch niedrigeren HF-Leistungen gemessen werden. Die IED sollte mit den Eigenschaften der Oberfläche und Mikrostruktur weiterer gesputterter Schichten korreliert werden. Für Anwendungen spielen besonders Schichteigenspannungen eine wichtige Rolle, da diese die Adhäsion der Beschichtung auf dem Substrat stark reduzieren können. Die Abscheidung der Schicht durch Teilchen mit hohen kinetischen Energien kann zur Erzeugung hoher Schichteigenspannungen führen [133, 143]. Die Schichteigenspannungen können durch Röntgenbeugungsexperimente oder aus Messungen der Krümmung des Substrats (Wafer) vor und nach der Schichtabscheidung gewonnen werden.

Bisher wird in industriellen Magnetronsputterprozessen ein großer Teil der Energie zum Heizen des Substrats verwendet, um die Adatommobilität zu erhöhen. Wie in Abschnitt 2.2.3 diskutiert, kann die Substrattemperatur reduziert werden, wenn die Adatommobilität durch eine höhere kinetische Energie der schichtbildenden Teilchen gesteigert wird. Durch die Umstellung eines DC-Magnetronsputterverfahrens auf HiPIMS kann so bereits die Substrattemperatur reduziert werden [14]. Durch Nutzung weiterer Ionenbeschleunigungsmechanismen (Substratbias, bipolarer HiPIMS-Prozess) kann die Substrattemperatur weiter verringert werden [10]. Die bisherigen Experimente zeigen, dass bereits niedrige HF-Leistungen für die Anhebung der Ionenenergie ausreichen. Durch die systematische Untersuchung eines Materialsystems mit Hochtemperaturphasen könnte die Möglichkeit zur Reduktion der Substrattemperatur genauer analysiert werden. Um quantitativ zu überprüfen, ob der HiPIMS/HF-Prozess nachhaltiger im Sinne eines geringeren Stromverbrauchs sein kann, müsste der Verbrauch des Substratheizers sowie von HF-Generator und Matchbox in einem möglichst anwendungsnahen Industrieprozess gemessen werden.

Zusammenfassung und Ausblick 6

Im Rahmen der vorliegenden Masterarbeit ist es gelungen, per Plasmadiagnostiken Magnetronsputterprozesse mit variierter Anregung des Plasmas zu untersuchen. Dafür wurden besonders HiPIMS-Prozesse, also gepulste Magnetron-Plasmen mit hohen Peakleistungen, aber auch DC- und HF-Plasmen analysiert. Ziel dieser Messungen ist es, ein möglichst umfassendes Verständnis der Plasmabeschichtungsprozesse zu entwickeln, das deren Einsatz für komplexe Anwendungen und die Weiterentwicklung – auch in Bezug auf nachhaltigere Beschichtungsprozesse – erlaubt. Die Experimente wurden an einem planaren runden Magnetron mit 2" Targetdurchmesser durchgeführt, bei denen ein Kupfertarget in Argon-Atmosphäre gesputtert wurde. Eine zentrale Größe für die Eigenschaften abgeschiedener Schichten ist die Ionenenergie, die in dieser Arbeit unter anderem mit energieselektiver Massenspektrometrie, auch in zeitaufgelösten Messungen, untersucht wurde.

Im ersten Teil der Messungen wurden die Eigenschaften des gepulsten HiPIMS- mit dem DC-Prozess verglichen. Dabei wurde mit drei Methoden gezeigt, dass die Ionen in den untersuchten HiPIMS-Prozessen eine höhere Energie als beim DC-Magnetronsputtern aufweisen. Schon der höhere Energieeintrag pro Adatom (vgl. Abschnitt 5.1.1) wurde der höheren Ionenenergie in HiPIMS zugeschrieben. Diese höhere Ionenenergie konnte über Messungen mit einem Gegenfeldanalysator und energieselektiver Massenspektrometrie bestätigt werden. Somit handelt es sich hier wohl um die erste Arbeit, welche die Ionenenergieverteilung des an der CAU Kiel entwickelten GFA [85] mit einer anderen Methode validiert. Die Ionenenergieverteilung der Cu^+-Ionen aus der energieselektiven Massenspektrometrie zeigt die thermalisierten Ionen bei niedriger Energie sowie den Hochenergieschwanz, unter anderem aufgrund der Energie aus der Kollisionskaskade im Target. Außerdem wurden in HiPIMS Hochenergie-Ionen mit Energien von 50 bis 100 eV gemessen, deren Ursprung nicht abschließend geklärt werden konnte. Insgesamt zeigen die Ergebnisse aus dem Vergleich von HiPIMS mit DC, dass der HiPIMS-Prozess die

C. Adam, *Diagnostik an HiPIMS-Magnetronsputterplasmen*, BestMasters,
https://doi.org/10.1007/978-3-658-50590-5_6

erwarteten Eigenschaften aufweist, die mit den genutzten Diagnostiken beobachtet werden können.

Diese Diagnostiken wurden auf einen neuartigen Superpositionsprozess angewandt, in dem ein HiPIMS- und HF-Plasma an einem Magnetron überlagert werden. Zu diesem Magnetronsputterprozess liegt bisher keine Studie vor, in der systematisch die Plasmaeigenschaften untersucht und daraus Vorhersagen über die Schichteigenschaften getroffen werden. In den Experimenten dieser Arbeit konnte durch optische Emissionsspektroskopie gezeigt werden, dass man im Superpositionsprozess zeitgemittelt eine Überlagerung des Argon-Plasmas durch die HF-Anregung und des Kupfer-HiPIMS-Plasmas erhält. Beide Entladungen können unabhängig voneinander betrieben werden. Die Überlagerung mit HF liefert dem HiPIMS-Plasma Vorionisation, sodass die Plasmazündung auch bei niedrigen Drücken möglich wird. Außerdem zeigen die Ergebnisse aus der energieselektiven Massenspektrometrie, dass durch die Superposition mit HF die Ionenenergie deutlich erhöht werden kann, auf 30 bis 70 eV. Das wurde einem höheren Plasmapotential und folglich einer größeren Randschichtspannung vor dem geerdeten Substrat zugeschrieben. Während im dichten HiPIMS-Plasma vor dem Target die gesputterten Teilchen ionisiert werden, können sie dann durch die hohe Randschichtspannung zum Substrat zusätzlich beschleunigt werden. Dieser Prozess gliedert sich ein in die vielfältigen Studien zur gezielten Erhöhung der Ionenenergie in HiPIMS durch zusätzliche elektrische Felder: etwa durch eine Spannung am Substrat (Substratbias) [66, 67, 139] oder weitere positive Spannungspulse am Target [140]. In der Literatur wurde berichtet, dass bei HiPIMS-Kupferschichten die Korngröße durch diese Ionenbeschleunigungsmechanismen erhöht werden kann [123, 137, 138]. Bei den ersten Schichtabscheidungsexperimenten mit HiPIMS/HF in der vorliegenden Arbeit konnten ähnliche Ergebnisse erzielt werden.

In weiteren Untersuchungen sollten die Schichteigenschaften etwa mit Rasterkraftmikroskopie und Röntgenbeugung genauer untersucht werden. Neben der Korngröße und Rauheit sollten auch die Schichteigenspannungen gemessen werden. Diese können durch die Abscheidung mit hochenergetischen Teilchen hervorgerufen werden und reduzieren die Adhäsion der Beschichtung auf dem Substrat. Bisher wurden im HiPIMS/HF-Prozess lediglich die Ionenenergieverteilung von Cu^{+}-Ionen gemessen und diskutiert. Energetische Ar^{+}-Ionen, die die Schicht bombardieren, können ebenfalls einen Einfluss auf die Schichtmorphologie haben. In komplexeren reaktiven Prozessen könnte überdies die Ionenenergieverteilung von Sauerstoff- oder Stickstoff-Ionen studiert werden und mit den Schichteigenschaften korreliert werden. Die Ionenenergieverteilung im HiPIMS/HF-Plasma wurde durch ein höheres Plasmapotential erklärt. Dies sollte in künftigen Experimenten durch zeit- und ortsaufgelöste Messungen mit einer emissiven Sonde oder einer HFkompensierten Langmuir-Sonde [82] bestätigt werden. Als erster Ansatz könnte lediglich das Floating-Potential über einen Draht im Plasma gemessen werden. Zusammen mit weiterer zeitaufgelöster Massenspektrometrie ließe sich ein genaueres Verständnis über die Dynamik des Superpositionsprozesses erzielen.

Insgesamt bietet die Erhöhung der Ionenenergie durch Superposition mit HF ein enormes Potenzial zur Optimierung von Schichtabscheidungsprozessen. Es konnte gezeigt werden, dass bereits bei niedrigen HF-Leistungen die Ionenenergie deutlich erhöht werden kann. Für die Abscheidung von Hochtemperaturphasen könnte so die Substrattemperatur reduziert werden und damit möglicherweise ein nachhaltigerer Abscheideprozess durchgeführt werden.

Literatur

[1] S. Schiller et al. „Methods and applications of plasmatron high rate sputtering in microelectronics, hybrid microelectronics and electronics". In: *Thin Solid Films* 92.1–2 (1982), S. 81–98. https://doi.org/10.1016/0040-6090(82)90190-0.

[2] A. Ghailane et al. „Design of hard coatings deposited by HiPIMS and dcMS". In: *Materials Letters* 280 (2020), S. 128540. https://doi.org/10.1016/j.matlet.2020.128540.

[3] M. Šimek et al. „White paper on the future of plasma science for optics and glass". In: *Plasma Processes and Polymers* 16.1 (2019), S. 1700250. https://doi.org/10.1002/ppap.201700250.

[4] K. Shimpi et al. „Decorative coatings produced using combination of reactive arc evaporation and magnetron sputtering". In: *Surface and Coatings Technology* 90.1–2 (1997), S. 115–122. https://doi.org/10.1016/S0257-8972(96)03102-7.

[5] F. Lòpez-Huerta et al. „Biocompatibility and Surface Properties of TiO_2 Thin Films Deposited by DC Magnetron Sputtering". In: Materials 7.6 (2014), S. 4105–4117. https://doi.org/10.3390/ma7064105.

[6] E. Kusiak-Nejman et al. „*E. coli* Inactivation by High-Power Impulse Magnetron Sputtered (HIPIMS) Cu Surfaces". In: *The Journal of Physical Chemistry C* 115.43 (2011), S. 21113–21119. https://doi.org/10.1021/jp204503y.

[7] A. Prabaswara et al. „Review of GaN Thin Film and Nanorod Growth Using Magnetron Sputter Epitaxy". In: *Applied Sciences* 10.9 (2020), S. 3050. https://doi.org/10.3390/app10093050.

[8] M. Gassner et al. „Energy consumption and material fluxes in hard coating deposition processes". In: *Surface and Coatings Technology* 299 (2016), S. 49–55. https://doi.org/10.1016/j.surfcoat.2016.04.062.

[9] J. A. Thornton. „Influence of apparatus geometry and deposition conditions on the structure and topography of thick sputtered coatings". In: *Journal of Vacuum Science and Technology* 11.4 (1974), S. 666–670. https://doi.org/10.1116/1.1312732.

[10] G. Greczynski, L. Hultman und I. Petrov. „Towards lowering energy consumption during magnetron sputtering: Benefits of high-mass metal ion irradiation". In: *Journal of Applied Physics* 134.14 (2023), S. 140901. https://doi.org/10.1063/5.0169762.

[11] A. Anders. „A structure zone diagram including plasma-based deposition and ion etching". In: *Thin Solid Films* 518.15 (2010), S. 4087–4090. https://doi.org/10.1016/j.tsf.2009.10.145.

C. Adam, *Diagnostik an HiPIMS-Magnetronsputterplasmen*, BestMasters,
https://doi.org/10.1007/978-3-658-50590-5

[12] J. T. Gudmundsson et al. „High power impulse magnetron sputtering discharge". In: *Journal of Vacuum Science & Technology A: Vacuum, Surfaces, and Films* 30.3 (2012), S. 030801. https://doi.org/10.1116/1.3691832.

[13] M. Čada et al. „Heavy species dynamics in high power impulse magnetron sputtering discharges". In: *High Power Impulse Magnetron Sputtering*. Elsevier, 2020, S. 111–158. https://doi.org/10.1016/B978-0-12-812454-3.00009-7.

[14] E. Wallin et al. „Synthesis of α-Al_2O_3 thin films using reactive high-power impulse magnetron sputtering". In: *EPL (Europhysics Letters)* 82.3 (2008), S. 36002. https://doi.org/10.1209/0295-5075/82/36002.

[15] J. Huan et al. „A Comparative Investigation on the Microstructure and Thermal Resistance of W-Film Sensor Using dc Magnetron Sputtering and High-Power Pulsed Magnetron Sputtering". In: *Magnetochemistry* 9.4 (2023), S. 97. https://doi.org/10.3390/magnetochemistry9040097.

[16] R. Bandorf et al. „Direct metallization of PMMA with aluminum films using HIPIMS". In: *Surface and Coatings Technology* 290 (2016), S. 77–81. https://doi.org/10.1016/j.surfcoat.2015.10.070.

[17] A. Pflug et al. „Simulation of plasma potential and ion energies in magnetron sputtering". In: *Materials Technology* 26.1 (2011), S. 10–14. https://doi.org/10.1179/175355511X12941605982028.

[18] I. Langmuir. „Oscillations in Ionized Gases". In: *Proceedings of the National Academy of Sciences* 14.8 (1928), S. 627–637. https://doi.org/10.1073/pnas.14.8.627.

[19] B. T. Tsurutani et al. „Space Plasma Physics: A Review". In: *IEEE Transactions on Plasma Science* 51.7 (2023), S. 1595–1655. https://doi.org/10.1109/TPS.2022.3208906.

[20] M. C. Kelley und R. A. Heelis. *The Earth's ionosphere: plasma physics and electrodynamics*. International geophysics series 43. San Diego New York Berkeley: Academic press, 1989.

[21] D. Hegemann, P. Navascués und R. Snoeckx. „Plasma gas conversion in non-equilibrium conditions". In: *International Journal of Hydrogen Energy* 100 (2025), S. 548–555. https://doi.org/10.1016/j.ijhydene.2024.12.351.

[22] F. Chen. *Introduction to plasma physics and controlled fusion*. New York, NY: Springer Science + Business Media, 2015.

[23] A. Piel. *Plasma Physics: An Introduction to Laboratory, Space, and Fusion Plasmas*. 2nd ed. 2017. Graduate Texts in Physics. Cham: Springer International Publishing, 2017. https://doi.org/10.1007/978-3-319-63427-2.

[24] U. Stroth. *Plasmaphysik: Phänomene, Grundlagen, Anwendungen*. Wiesbaden: Vieweg + Teubner, 2011.

[25] M. A. Lieberman und A. J. Lichtenberg. *Principles of plasma discharges and materials processing*. Second edition. Hoboken, NJ: Wiley-Interscience, 2005.

[26] I. Adamovich et al. „The 2022 Plasma Roadmap: low temperature plasma science and technology". In: *Journal of Physics D: Applied Physics* 55.37 (2022), S. 373001. https://doi.org/10.1088/1361-6463/ac5e1c.

[27] G. Federici et al. „Plasma-material interactions in current tokamaks and their implications for next step fusion reactors". In: *Nuclear Fusion* 41.12 (2001), S. 1967–2137. https://doi.org/10.1088/0029-5515/41/12/218.

[28] A. Anders. „Tutorial: Reactive high power impulse magnetron sputtering (R-HiPIMS)". In: *Journal of Applied Physics* 121.17 (2017), S. 171101. https://doi.org/10.1063/1.4978350.

[29] C. Bundesmann und H. Neumann. „Tutorial: The systematics of ion beam sputtering for deposition of thin films with tailored properties". In: *Journal of Applied Physics* 124.23 (2018), S. 231102. https://doi.org/10.1063/1.5054046.

[30] S. Coon et al. „New findings on the sputtering of neutral metal clusters". In: *Surface Science* 298.1 (1993), S. 161–172. https://doi.org/10.1016/0039-6028(93)90092-X.

[31] H. Gnaser und W. O. Hofer. „The emission of neutral clusters in sputtering". In: *Applied Physics A Solids and Surfaces* 48.3 (1989), S. 261–271. https://doi.org/10.1007/BF00619396.

[32] R. A. Haefer. *Oberflächen- und Dünnschicht-Technologie: Teil I: Beschichtungen von Oberflächen*. Hrsg. von B. Ilschner. Bd. 5. WFT Werkstoff-Forschung und -Technik. Berlin, Heidelberg: Springer, 1987. https://doi.org/10.1007/978-3-642-82835-5.

[33] D. M. Mattox. *Handbook of Physical Vapor Deposition (PVD) Processing*. 2nd ed. Norwich: William Andrew, 2010.

[34] M. W. Thompson. „II. The energy spectrum of ejected atoms during the high energy sputtering of gold". In: *Philosophical Magazine* 18.152 (1968), S. 377–414. https://doi.org/10.1080/14786436808227358.

[35] H. Kersten et al. „The energy balance at substrate surfaces during plasma processing". In: *Vacuum* 63.3 (2001), S. 385–431. https://doi.org/10.1016/S0042-207X(01)00350-5.

[36] J. A. Thornton und J. L. Lamb. „Substrate heating rates for planar and cylindricalpost magnetron sputtering sources". In: *Thin Solid Films* 119.1 (1984), S. 87–95. https://doi.org/10.1016/0040-6090(84)90160-3.

[37] J. G. Han. „Recent progress in thin film processing by magnetron sputtering with plasma diagnostics". In: *Journal of Physics D: Applied Physics* 42.4 (2009), S. 043001. https://doi.org/10.1088/0022-3727/42/4/043001.

[38] S. Gauter, F. Haase und H. Kersten. „Experimentally unraveling the energy flux originating from a DC magnetron sputtering source". In: *Thin Solid Films* 669 (2019), S. 8–18. https://doi.org/10.1016/j.tsf.2018.10.021.

[39] J. Fischer et al. „Insights into the copper HiPIMS discharge: deposition rate and ionised flux fraction". In: *Plasma Sources Science and Technology* 32.12 (2023), S. 125006. https://doi.org/10.1088/1361-6595/ad10ef.

[40] S. D. Ekpe und S. K. Dew. „Theoretical and experimental determination of the energy flux during magnetron sputter deposition onto an unbiased substrate". In: *Journal of Vacuum Science & Technology A: Vacuum, Surfaces, and Films* 21.2 (2003), S. 476–483. https://doi.org/10.1116/1.1554971.

[41] Z. Hubička et al. „Hardware and power management for high power impulse magnetron sputtering". In: *High Power Impulse Magnetron Sputtering*. Elsevier, 2020, S. 49–80. https://doi.org/10.1016/B978-0-12-812454-3.00007-3.

[42] P. Vašina et al. „Experimental study of a pre-ionized high power pulsed magnetron discharge". In: *Plasma Sources Science and Technology* 16.3 (2007), S. 501–510. https://doi.org/10.1088/0963-0252/16/3/009.

[43] M. Samuelsson et al. „Influence of ionization degree on film properties when using high power impulse magnetron sputtering". In: *Journal of Vacuum Science & Technology A: Vacuum, Surfaces, and Films* 30.3 (2012), S. 031507. https://doi.org/10.1116/1.3700227.

[44] P. Kelly und R. Arnell. „Magnetron sputtering: a review of recent developments and applications". In: *Vacuum* 56.3 (2000), S. 159–172. https://doi.org/10.1016/S0042-207X(99)00189-X.

[45] J. Drewes et al. „A Concentrically Moveable Erosion Zone Magnetron for In Operando Tailoring of Alloy Nanoparticles in a Gas Aggregation Source“. In: *Particle & Particle Systems Characterization* 41.9 (2024), S. 2400038. https://doi.org/10.1002/ppsc.202400038.

[46] J. T. Gudmundsson und D. Lundin. „Introduction to magnetron sputtering“. In: *High Power Impulse Magnetron Sputtering*. Elsevier, 2020, S. 1–48. https://doi.org/10.1016/B978-0-12-812454-3.00006-1.

[47] M. Panjan und A. Anders. „Plasma potential of a moving ionization zone in DC magnetron sputtering“. In: *Journal of Applied Physics* 121.6 (2017), S. 063302. https://doi.org/10.1063/1.4974944.

[48] A. Anders et al. „Drifting potential humps in ionization zones: The “propeller blades„ of high power impulse magnetron sputtering“. In: *Applied Physics Letters* 103.14 (2013), S. 144103. https://doi.org/10.1063/1.4823827.

[49] D. Lundin et al. „Physics of high power impulse magnetron sputtering discharges“. In: *High Power Impulse Magnetron Sputtering*. Elsevier, 2020, S. 265–332. https://doi.org/10.1016/B978-0-12-812454-3.00012-7.

[50] M. Panjan. „Self-organizing plasma behavior in RF magnetron sputtering discharges“. In: *Journal of Applied Physics* 125.20 (2019), S. 203303. https://doi.org/10.1063/1.5094240.

[51] N. Hosokawa, T. Tsukada und T. Misumi. „Self-sputtering phenomena in high-rate coaxial cylindrical magnetron sputtering“. In: *Journal of Vacuum Science and Technology* 14.1 (1977), S. 143–146. https://doi.org/10.1116/1.569107.

[52] V. Kouznetsov et al. „A novel pulsed magnetron sputter technique utilizing very high target power densities“. In: *Surface and Coatings Technology* 122.2–3 (1999), S. 290–293. https://doi.org/10.1016/S0257-8972(99)00292-3.

[53] T. Kubart et al. „Investigation of ionized metal flux fraction in HiPIMS discharges with Ti and Ni targets“. In: *Surface and Coatings Technology* 238 (2014), S. 152–157. https://doi.org/10.1016/j.surfcoat.2013.10.064.

[54] R. Franz et al. „Observation of multiple charge states and high ion energies in highpower impulse magnetron sputtering (HiPIMS) and burst HiPIMS using a LaB_6 target“. In: *Plasma Sources Science and Technology* 23.3 (2014), S. 035001. https://doi.org/10.1088/0963-0252/23/3/035001.

[55] D. J. Christie. „Target material pathways model for high power pulsed magnetron sputtering“. In: *Journal of Vacuum Science & Technology A: Vacuum, Surfaces, and Films* 23.2 (2005), S. 330–335. https://doi.org/10.1116/1.1865133.

[56] A. Anders et al. „The ‘recycling trap’: a generalized explanation of discharge runaway in high-power impulse magnetron sputtering“. In: *Journal of Physics D: Applied Physics* 45.1 (2012), S. 012003. https://doi.org/10.1088/0022-3727/45/1/012003.

[57] N. Brenning et al. „A unified treatment of self-sputtering, process gas recycling, and runaway for high power impulse sputtering magnetrons“. In: *Plasma Sources Science and Technology* 26.12 (2017), S. 125003. https://doi.org/10.1088/1361-6595/aa959b.

[58] A. Anders, J. Andersson und A. Ehiasarian. „High power impulse magnetron sputtering: Current-voltage-time characteristics indicate the onset of sustained self-sputtering“. In: *Journal of Applied Physics* 102.11 (2007), S. 113303. https://doi.org/10.1063/1.2817812.

[59] D. Lundin et al. „Cross-field ion transport during high power impulse magnetron sputtering“. In: *Plasma Sources Science and Technology* 17.3 (2008), S. 035021. https://doi.org/10.1088/0963-0252/17/3/035021.

[60] C. Huo et al. „Gas rarefaction and the time evolution of long high-power impulse magnetron sputtering pulses“. In: *Plasma Sources Science and Technology* 21.4 (2012), S. 045004. https://doi.org/10.1088/0963-0252/21/4/045004.

[61] J. Vlček, A. D. Pajdarovà und J. Musil. „Pulsed dc Magnetron Discharges and their Utilization in Plasma Surface Engineering“. In: *Contributions to Plasma Physics* 44.5–6 (2004), S. 426–436. https://doi.org/10.1002/ctpp.200410083.

[62] M. Panjan, R. Franz und A. Anders. „Asymmetric particle fluxes from drifting ionization zones in sputtering magnetrons“. In: *Plasma Sources Science and Technology* 23.2 (2014), S. 025007. https://doi.org/10.1088/0963-0252/23/2/025007.

[63] C. Maszl et al. „Origin of the energetic ions at the substrate generated during high power pulsed magnetron sputtering of titanium“. In: *Journal of Physics D: Applied Physics* 47.22 (2014), S. 224002. https://doi.org/10.1088/0022-3727/47/22/224002.

[64] W. Breilmann et al. „High power impulse sputtering of chromium: correlation between the energy distribution of chromium ions and spoke formation“. In: *Journal of Physics D: Applied Physics* 48.29 (2015), S. 295202. https://doi.org/10.1088/0022-3727/48/29/295202.

[65] B. Biskup et al. „Influence of spokes on the ionized metal flux fraction in chromium high power impulse magnetron sputtering“. In: *Journal of Physics D: Applied Physics* 51.11 (2018), S. 115201. https://doi.org/10.1088/1361-6463/aaac15.

[66] J. Alami et al. „Ion-assisted physical vapor deposition for enhanced film properties on nonflat surfaces“. In: *Journal of Vacuum Science & Technology A: Vacuum, Surfaces, and Films* 23.2 (2005), S. 278–280. https://doi.org/10.1116/1.1861049.

[67] J. Alami et al. „Phase tailoring of Ta thin films by highly ionized pulsed magnetron sputtering“. In: *Thin Solid Films* 515.7–8 (2007), S. 3434–3438. https://doi.org/10.1016/j.tsf.2006.10.013.

[68] M. Samuelsson et al. „On the film density using high power impulse magnetron sputtering“. In: *Surface and Coatings Technology* 205.2 (2010), S. 591–596. https://doi.org/10.1016/j.surfcoat.2010.07.041.

[69] A. Anders. „Deposition rates of high power impulse magnetron sputtering: Physics and economics“. In: *Journal of Vacuum Science & Technology A: Vacuum, Surfaces, and Films* 28.4 (2010), S. 783–790. https://doi.org/10.1116/1.3299267.

[70] J. Emmerlich et al. „The physical reason for the apparently low deposition rate during high-power pulsed magnetron sputtering“. In: *Vacuum* 82.8 (2008), S. 867–870. https://doi.org/10.1016/j.vacuum.2007.10.011.

[71] W. Diyatmika et al. „Superimposed high power impulse and middle frequency magnetron sputtering: Role of pulse duration and average power of middle frequency“. In: *Surface and Coatings Technology* 352 (2018), S. 680–689. https://doi.org/10.1016/j.surfcoat.2017.11.057.

[72] M. Ohring. *Materials science of thin films: deposition and structure*. 2nd ed. San Diego, CA: Academic Press, 2002.

[73] M. Klick. „Nonlinearity of the radio-frequency sheath“. In: *Journal of Applied Physics* 79.7 (1996), S. 3445–3452. https://doi.org/10.1063/1.361392.

[74] J. A. Thornton. „Substrate heating in cylindrical magnetron sputtering sources“. In: *Thin Solid Films* 54.1 (1978), S. 23–31. https://doi.org/10.1016/0040-6090(78)90273-0.

[75] H. Kersten et al. „Investigations on the energy influx at plasma processes by means of a simple thermal probe“. In: *Thin Solid Films* 377–378 (2000), S. 585–591. https://doi.org/10.1016/S0040-6090(00)01442-5.

[76] S. Bornholdt und H. Kersten. „Transient calorimetric diagnostics for plasma processing". In: *The European Physical Journal D* 67.8 (2013), S. 176. https://doi.org/10.1140/epjd/e2013-40148-8.

[77] L. Rosenfeldt, L. Hansen und H. Kersten. „The Use of Passive Thermal Probes for the Determination of Energy Fluxes in Atmospheric Pressure Plasmas". In: IEEE Transactions on Plasma Science 49.11 (2021), S. 3325–3335. https://doi.org/10.1109/TPS.2021.3092752.

[78] K. Ellmer und R. Mientus. „Calorimetric measurements with a heat flux transducer of the total power influx onto a substrate during magnetron sputtering". In: *Surface and Coatings Technology* 116–119 (1999), S. 1102–1106. https://doi.org/10.1016/S0257-8972(99)00125-5.

[79] R. Wiese et al. „Energy influx measurements with an active thermal probe in plasma-technological processes". In: *EPJ Techniques and Instrumentation* 2.1 (2015), S. 2. https://doi.org/10.1140/epjti/s40485-015-0013-y.

[80] P.-A. Cormier et al. „On the measurement of energy fluxes in plasmas using a calorimetric probe and a thermopile sensor". In: *Journal of Physics D: Applied Physics* 43.46 (2010), S. 465201. https://doi.org/10.1088/0022-3727/43/46/465201.

[81] M. Stahl, T. Trottenberg und H. Kersten. „A calorimetric probe for plasma diagnostics". In: *Review of Scientific Instruments* 81.2 (2010), S. 023504. https://doi.org/10.1063/1.3276707.

[82] J. Benedikt, H. Kersten und A. Piel. „Foundations of measurement of electrons, ions and species fluxes toward surfaces in low-temperature plasmas". In: *Plasma Sources Science and Technology* 30.3 (2021), S. 033001. https://doi.org/10.1088/1361-6595/abe4bf.

[83] T. Trottenberg et al. „The role of grid geometry and relative orientation in the performance of a retarding potential analyzer". In: *AIP Advances* 15.3 (2025). Publisher: AIP Publishing. https://doi.org/10.1063/5.0250806.

[84] F. Schlichting. „Electrical and thermal diagnostics for a better understanding of the energy balance of species in technological plasmas". Diss. Kiel: Christian-Albrechts-Universität zu Kiel, 2023.

[85] F. Schlichting und H. Kersten. „A retarding field thermal probe for combined plasma diagnostics". In: *EPJ Techniques and Instrumentation* 10.1 (2023), S. 19. https://doi.org/10.1140/epjti/s40485-023-00106-4.

[86] J. Benedikt et al. „Quadrupole mass spectrometry of reactive plasmas". In: *Journal of Physics D: Applied Physics* 45.40 (2012), S. 403001. https://doi.org/10.1088/0022-3727/45/40/403001.

[87] *Hiden Analytical Limited: PSM 003 User's Manual.* 2016.

[88] C. Schulze. „Fundamentals and Applications of energy-selective Ion Mass Spectrometry for the Analysis of low-pressure radio-frequency Plasmas". Diss. Kiel: Christian-Albrechts-Universität zu Kiel, 2025.

[89] J. H. Gross. *Mass spectrometry: a textbook.* Berlin New York: Springer, 2004.

[90] E. De Hoffmann. *Mass Spectrometry: Principles and Applications.* 3rd ed. Newy York: John Wiley & Sons, Incorporated, 2013.

[91] T. Hahn. *Anleitung MultiChannelScaler (MCS).* 2025.

[92] U. Fantz. „Basics of plasma spectroscopy". In: *Plasma Sources Science and Technology* 15.4 (2006), S137–S147. https://doi.org/10.1088/0963-0252/15/4/S01.

[93] W. Sproul, D. Christie und D. Carter. „Control of reactive sputtering processes". In: *Thin Solid Films* 491.1–2 (2005), S. 1–17. https://doi.org/10.1016/j.tsf.2005.05.022.

[94] N. Bibinov et al. „Relative and absolute intensity calibrations of a modern broadband echelle spectrometer". In: *Measurement Science and Technology* 18.5 (2007), S. 1327–1337. https://doi.org/10.1088/0957-0233/18/5/019.

[95] K. Sgonina. „Interaction of reactive components of non-thermal atmospheric pressure plasmas with liquids and surfaces". Diss. Kiel: Christian-Albrechts-Universität zu Kiel, 2025.

[96] *HR2000 + Spectrometer. Installation and Operation Manual.* Ocean Optics, Inc. 2010.

[97] L. Schultz. *Entwicklung eines physikalischen Modells zur Beschreibung der radialen Plasmadichte in einer Hohlkathode im axialen Magnetfeld.* Masterarbeit, Christian-Albrechts-Universität zu Kiel. 2018.

[98] C. O'Sullivan und G. Guilbault. „Commercial quartz crystal microbalances – theory and applications". In: *Biosensors and Bioelectronics* 14.8–9 (1999), S. 663–670. https://doi.org/10.1016/S0956-5663(99)00040-8.

[99] G. Sauerbrey. „Verwendung von Schwingquarzen zur Wägung dünner Schichten und zur Mikrowägung". In: *Zeitschrift für Physik* 155.2 (1959), S. 206–222. https://doi.org/10.1007/BF01337937.

[100] *Intellemetrics Model IL150 Thickness monitor. Instruction Manual.*

[101] E. Chason und T. M. Mayer. „Thin film and surface characterization by specular X-ray reflectivity". In: *Critical Reviews in Solid State and Materials Sciences* 22.1 (1997), S. 1–67. https://doi.org/10.1080/10408439708241258.

[102] R. F. Egerton. *Physical principles of electron microscopy: an Introduction to TEM, SEM, and AEM.* EngineeringPro collection. New York: Springer, 2006.

[103] J. Goldstein. *Scanning electron microscopy and X-ray microanalysis: a text for biologists, materials scientists, and geologists.* Second edition. New York: Plenum Press, 1992.

[104] *MELEC GmbH: SPIK 3000A Operating Manual.* 2015.

[105] C. Tiburski. „Charakterisierung einer zylindrischen Entladung im Hohlkathoden- und HiPIMS-Modus". Masterarbeit. Kiel: Christian-Albrechts-Universität zu Kiel, 2017.

[106] D. Lundin et al. „Energy flux measurements in high power impulse magnetron sputtering". In: *Journal of Physics D: Applied Physics* 42.18 (2009), S. 185202. https://doi.org/10.1088/0022-3727/42/18/185202.

[107] P.-A. Cormier et al. „Measuring the energy flux at the substrate position during magnetron sputter deposition processes". In: *Journal of Applied Physics* 113.1 (2013), S. 013305. https://doi.org/10.1063/1.4773103.

[108] G. West et al. „Measurements of Deposition Rate and Substrate Heating in a HiPIMS Discharge". In: *Plasma Processes and Polymers* 6.S1 (2009). https://doi.org/10.1002/ppap.200931202.

[109] F. Haase, H. Kersten und D. Lundin. „Plasma characterization in reactive sputtering processes of Ti in Ar/O2 mixtures operated in metal, transition and poisoned modes: a comparison between direct current and high-power impulse magnetron discharges". In: *The European Physical Journal D* 71.10 (2017), S. 245. https://doi.org/10.1140/epjd/e2017-80106-x.

[110] W. P. Leroy et al. „Angular-resolved energy flux measurements of a dc- and HIPIMSpowered rotating cylindrical magnetron in reactive and non-reactive atmosphere". In: *Journal of Physics D: Applied Physics* 44.11 (2011), S. 115201. https://doi.org/10.1088/0022-3727/44/11/115201.

[111] M. Čada et al. „Measurement of energy transfer at an isolated substrate in a pulsed dc magnetron discharge“. In: *Journal of Applied Physics* 102.6 (2007), S. 063301. https://doi.org/10.1063/1.2779287.

[112] T. Shimizu et al. „Experimental verification of deposition rate increase, with maintained high ionized flux fraction, by shortening the HiPIMS pulse“. In: *Plasma Sources Science and Technology* 30.4 (2021), S. 045006. https://doi.org/10.1088/1361-6595/abec27.

[113] V. Oskirko et al. „The influence of pulse duration and duty cycle on the energy flux to the substrate in high power impulse magnetron sputtering“. In: *Vacuum* 216 (2023), S. 112459. https://doi.org/10.1016/j.vacuum.2023.112459.

[114] C. Adam. *Energy flux characterization in HiPIMS and DC magnetron sputtering using a calorimetric and retarding field approach.* Master module Methodenkenntnisse und Projektplanung. Kiel: Christian-Albrechts-Universität, 2024.

[115] D. Zuhayra. *Charakterisierung eines Kombisensors zur Diagnostik von Prozessplasmen*. Masterarbeit, Christian-Albrechts-Universität zu Kiel. 2024.

[116] J. S. Coursey et al. *Atomic Weights and Isotopic Compositions with Relative Atomic Masses*. NIST Physical Measurement Laboratory.

[117] A. Hecimovic, K. Burcalova und A. P. Ehiasarian. „Origins of ion energy distribution function (IEDF) in high power impulse magnetron sputtering (HIPIMS) plasma discharge“. In: *Journal of Physics D: Applied Physics* 41.9 (2008), S. 095203. https://doi.org/10.1088/0022-3727/41/9/095203.

[118] K. Barynova et al. „On working gas rarefaction in high power impulse magnetron sputtering“. In: *Plasma Sources Science and Technology* 33.6 (2024), S. 065010. https://doi.org/10.1088/1361-6595/ad53fe.

[119] Y. Yang et al. „Ion energies in high power impulse magnetron sputtering with and without localized ionization zones“. In: *Applied Physics Letters* 106.12 (2015), S. 124102. https://doi.org/10.1063/1.4916233.

[120] D. W. Hoffman und J. A. Thornton. „Compressive stress and inert gas in Mo films sputtered from a cylindrical-post magnetron with Ne, Ar, Kr, and Xe“. In: *Journal of Vacuum Science and Technology* 17.1 (1980), S. 380–383. https://doi.org/10.1116/1.570394.

[121] M. Rudolph et al. „Influence of backscattered neutrals on the grain size of magnetron-sputtered TaN thin films“. In: *Thin Solid Films* 658 (2018), S. 46–53. https://doi.org/10.1016/j.tsf.2018.05.027.

[122] A. Hecimovic und A. P. Ehiasarian. „Time evolution of ion energies in HIPIMS of chromium plasma discharge“. In: *Journal of Physics D: Applied Physics* 42.13 (2009), S. 135209. https://doi.org/10.1088/0022-3727/42/13/135209.

[123] F. Cemin et al. „Benefits of energetic ion bombardment for tailoring stress and microstructural evolution during growth of Cu thin films“. In: *Acta Materialia* 141 (2017), S. 120–130. https://doi.org/10.1016/j.actamat.2017.09.007.

[124] J. M. Sanders et al. „A synchronized emissive probe for time-resolved plasma potential measurements of pulsed discharges“. In: *Review of Scientific Instruments* 82.9 (2011), S. 093505. https://doi.org/10.1063/1.3640408.

[125] A. Rauch et al. „Plasma potential mapping of high power impulse magnetron sputtering discharges“. In: *Journal of Applied Physics* 111.8 (2012), S. 083302. https://doi.org/10.1063/1.3700242.

[126] J. K. Müller et al. *Superimposed Hipims/Rf on a Single Magnetron*. 2025. https://doi.org/10.2139/ssrn.5239258.

[127] A. Kramida et al. *NIST Atomic Spectra Database (ver. 5.10)*. 2022. https://doi.org/10.18434/T4W30F.

[128] J. Held et al. „Electron density, temperature and the potential structure of spokes in HiPIMS". In: *Plasma Sources Science and Technology 29.2* (2020), S. 025006. https://doi.org/10.1088/1361-6595/ab5e46.

[129] R. T. C. Tsui. „Calculation of Ion Bombarding Energy and Its Distribution in rf Sputtering". In: *Physical Review* 168.1 (1968), S. 107–113. https://doi.org/10.1103/PhysRev.168.107.

[130] K. Ellmer, R. Cebulla und R. Wendt. „Characterization of a magnetron sputtering discharge with simultaneous RF- and DC-excitation of the plasma for the deposition of transparent and conductive ZnO:Al-films". In: *Surface and Coatings Technology* 98.1–3 (1998), S. 1251–1256. https://doi.org/10.1016/S0257-8972(97)00253-3.

[131] M. Stowell et al. „RF-superimposed DC and pulsed DC sputtering for deposition of transparent conductive oxides". In: *Thin Solid Films* 515.19 (2007), S. 7654–7657. https://doi.org/10.1016/j.tsf.2006.11.166.

[132] J. Nomoto, H. Makino und T. Yamamoto. „Carrier mobility of highly transparent conductive Al-doped ZnO polycrystalline films deposited by radio-frequency, direct-current, and radio-frequency-superimposed direct-current magnetron sputtering: Grain boundary effect and scattering in the grain bulk". In: *Journal of Applied Physics* 117.4 (2015), S. 045304. https://doi.org/10.1063/1.4906353.

[133] G. Abadias et al. „Review Article: Stress in thin films and coatings: Current status, challenges, and prospects". In: *Journal of Vacuum Science & Technology A: Vacuum, Surfaces, and Films* 36.2 (2018), S. 020801. https://doi.org/10.1116/1.5011790

[134] M. Kateb et al. „Role of ionization fraction on the surface roughness, density, and interface mixing of the films deposited by thermal evaporation, dc magnetron sputtering, and HiPIMS: An atomistic simulation". In: *Journal of Vacuum Science & Technology A: Vacuum, Surfaces, and Films* 37.3 (2019), S. 031306. https://doi.org/10.1116/1.5094429.

[135] Y. Ren et al. „Effects of HiPIMS Duty Cycle on Plasma Discharge and the Properties of Cu Film". In: *Materials* 17.10 (2024), S. 2311. https://doi.org/10.3390/ma17102311.

[136] A. A. Solovyev et al. „Comparative Study of Cu Films Prepared by DC, High-Power Pulsed and Burst Magnetron Sputtering". In: *Journal of Electronic Materials* 45.8 (2016), S. 4052–4060. https://doi.org/10.1007/s11664-016-4582-6.

[137] B. Wu et al. „Plasma characteristics and properties of Cu films prepared by high power pulsed magnetron sputtering". In: *Vacuum* 135 (2017), S. 93–100. https://doi.org/10.1016/j.vacuum.2016.10.032.

[138] I.-L. Velicu et al. „Energy-enhanced deposition of copper thin films by bipolar high power impulse magnetron sputtering". In: *Surface and Coatings Technology* 359 (2019), S. 97–107. https://doi.org/10.1016/j.surfcoat.2018.12.079.

[139] G. Greczynski et al. „Metal versus rare-gas ion irradiation during Ti1–xAlxN film growth by hybrid high power pulsed magnetron/dc magnetron co-sputtering using synchronized pulsed substrate bias". In: *Journal of Vacuum Science & Technology A: Vacuum, Surfaces, and Films* 30.6 (2012), S. 061504. https://doi.org/10.1116/1.4750485.

[140] J. Keraudy et al. „Bipolar HiPIMS for tailoring ion energies in thin film deposition". In: *Surface and Coatings Technology* 359 (2019), S. 433–437. https://doi.org/10.1016/j.surfcoat.2018.12.090.

[141] K. Tomankov'a et al. „Sensitivity analysis of various physics processes in industrial HiPIMS: A global plasma modeling perspective". In: *Surface and Coatings Technology* 507 (2025), S. 132126. https://doi.org/10.1016/j.surfcoat.2025.132126.

[142] J. Schleitzer et al. „Langmuir Probe Measurements in a Dual-Frequency Capacitively Coupled rf Discharge". In: *IEEE Transactions on Plasma Science* 52.4 (2024), S. 1346– 1357. https://doi.org/10.1109/TPS.2024.3375520.

[143] K. Sarakinos und L. Martinu. „Synthesis of thin films and coatings by high power impulse magnetron sputtering". In: *High Power Impulse Magnetron Sputtering*. Elsevier, 2020, S. 333–374. https://doi.org/10.1016/B978-0-12-812454-3.00013-9.

Zeitfracht Medien GmbH
Ferdinand-Jühlke-Straße 7
99095 Erfurt, Deutschland
produktsicherheit@kolibri360.de